U0138676

TCA
卓越領導勝經

四大溝通策略X三種回應技巧
達成團隊共識，創造組織願景

康士藤管理顧問公司——著

vine 康士藤管理顧問
MANAGEMENT CONSULTING

推薦序 1

拜讀一本書，
猶如參加精彩的溝通工作坊

很榮幸多年來與康士藤管理顧問公司，合作開設新任主管培訓班，許多學員都反應學到的觀念很深刻，方法也很實用。例如，「動力／能力矩陣」就是個好用的管理工具，能幫助主管評估成員特性，運用不同策略領導他們。而「TCA」則提供了清晰的溝通框架，確保與部屬的 1 on 1 會議，能夠更有效地達成目標。至於回應技巧「同理、探查和建言」，則提醒主管不要只給予建議，還要記得先處理員工的情緒，並且多使用一些提問和引導技巧。

如今，這些實用的管理方法和技巧，終於匯集成書，不僅分享了顧問們經年累月的教學精華，同時收錄了許多精彩的實務個案和解析。隨著書中的引導，閱讀者彷彿參加了一場場的工作坊，感受相當深刻，實在是一本新手主管必讀、資深主管不可或缺的參考書籍。

Moxa Group
Project Lead
Learning & Development Dept.
Human Resources Corporate Division
Jason Kuo

持續學習，開啟職涯成功之路

為了協助公司達成長期願景與促進人才發展，這幾年我們和康士藤團隊有非常密切的合作，且取得了豐碩的成果，因此，在得知康士藤將出版《TCA 卓越領導勝經》，幫助更多職場菁英時，我也迫不及待地一睹為快。閱讀後，感覺像上了一門迷你的 MBA 課程，幫助自己不斷思考管理所面對的各項挑戰，並檢視自我發展的機會。

職場必備指南！涵蓋重要知識與實用技巧

本書深入淺出，涵蓋了許多擔任主管必備的重要知識與能力，從新任主管常見的盲點及所需具備的觀念、TCA 溝通心法四步驟、以動力能力組合檢視部屬指導策略，到深層傾聽的奧義與做法、簡潔易懂的三種回應技巧，以及恩威並濟的情境領導，皆結合許多實際案例，幫助讀者透過各種情境，進行有效率的反思與學習。在團隊發展四階段章節中，也精要地指出領導者所需扮演的角色。全書皆提供大量的實際個案，讓讀者可以進行自我學習，這些個案也是人才發展討論中可以善加運用的材料。

在外商公司工作多年，我參與並見證了許多專業經理人的成功職涯，這些成功並非偶然，而是具備了持續學習成長的思維、正面積極的溝通能力，並願意用心發展與激勵團隊，這些就是成功的王道。

學習是一趟沒有終點線的旅程，相信本書能為各行各業的讀者，帶來許多收穫。然而，真正的成功是在你閱讀書籍過後，實際應用所學，並發揮你的影響力之後才展開。

太古可口可樂
人力資源總監　黃致凱

從情境案例、學理分析到執行方向，提升職場溝通成效

我跟 Ming 的緣分可以回溯至 2003 年 3 月，當時我剛退伍，去科技公司進行職涯首次求職面試，面試官就是 Ming。很感謝當初他給我進入該公司服務的機會，雖然最後沒有緣分共事，但是整個招募的過程中，他不斷地以電話力邀我加入其團隊，讓我對於他的工作熱情印象深刻。我想就是這份對於 HR 工作的熱情和願景，支持 Ming 一路在 HR 領域深耕，進而創業，建立自己的品牌，如今更有本書的問世。

本書收錄許多務實的情境案例，閱讀時讓人感同身受。然而，「知道到做到是世界上最遙遠的距離」，Level 2 到 Level 3 之間的落差，一直是 HRD 人員最難突破的鴻溝。幸好本書在案例後，也有學理上的分析和後續執行建議方向，相信對於 HR 工作者或管理者都有一定的參考價值，能有效提升職場溝通的成效。

中租迪和（股）公司
人才發展部協理　吳祉龍

提升人才管理效能，
建立跨世代創新組織

恰如其分的管理方式，是每位企業家心中難以言喻的課題，尤其想建立跨世代的創新組織，更是不容易。而康士藤顧問群總能以豐富的實務經驗與卓越的教學方式，幫助我們有效率地提升人力資源管理的能力！

建立文化準則，驅動品牌新價值

回顧 2020 年，當時的北祥是一間成立近 40 年的老字號系統整合商，我們希望透過品牌重塑，創造全新的品牌精神「科技有腦•服務有心」，並以此為核心理念，打造以客戶為中心且有溫度的科技服務。對內則期待北祥的夥伴能落實全新的品牌價值，因此我們啟動了品牌核心價值及企業文化落實計畫。

品牌核心價值及企業文化傳遞是一個長遠的歷程，也是企業發展的根基。2021 年透過經營團隊的引薦，認識了康士藤管理顧問公司，藉由康士藤顧問群對於文化行為塑造的專業經驗，協助我們梳理出文化行為準則，並且逐步透過由上對下、Team Building 等活動，引導我們落地，而本書提及的 TCA 溝通技巧，便是 Bruce 老師帶給我們的落實技巧之一。

善用 TCA 溝通技巧，促進跨世代溝通合作

北祥是一間成立超過 40 年，員工人數超過 200 人的中小企業，員工橫跨嬰兒潮、X、Y 與 Z 世代，他們有各自的價值觀與溝通方式，有趣的事情是，若以程式語言的角度來看，大家都在說同一種語言，均為追求卓越的產出而努力。但如果是日常溝通時，跨世代的合作交流卻是迥然不同的一種情景，經常面臨需求不明確、認知差異或領導方式等問題而引發衝突。

康士藤的顧問群擁有豐富的專業與業界經驗，運用實戰演練的工作坊，帶領北祥公司不同層級與背景的主管們，了解如何運用 TCA，包括觀察、傾聽與提問三大技巧實際運用於職場之中。即便每位同仁理解吸收的程度不同，老師總能以豐富案例，明確地給予指導，幫助我們培養一個團結且高效的組織文化。這樣不僅對內能

落實有效的職場溝通，組織內能理解和尊重彼此的差異，並且找到共同的目標和價值；對外也能更有效地傳遞品牌核心價值給客戶，提升客戶滿意度和忠誠度。

最後，我很高興能向大家推薦這本書，書中將康士藤顧問群的實戰經驗，以淺顯易懂的方式呈現，並透過無數個案，幫助讀者學習如何建立與實現人力資源策略，包括吸引與留住優秀人才、提升員工的能力和潛力，以及創造一個有利於創新和協作的組織文化。本書不僅內容豐富實用，且風格清晰流暢，能讓讀者輕鬆地閱讀和理解。如果你正在尋找一本能夠提升人才管理效能的書，強烈推薦閱讀本書，我相信你一定會受益匪淺！

北祥科技服務股份有限公司
董事長　陳欽祥

從人性出發，創造更寬廣價值的 TCA 溝通心法

這是一本談職場溝通的工具書，與我個人過去近 30 年的職場經驗相符，我願意推薦給大家。職場是一群人創價的平台，但人性有其稀缺之處，例如容易分彼此、過度主觀，或看重網絡關係所帶來的訊息等，導致許多合作成果不如預期。

康士藤顧問公司是我所服務的信邦電子重要的夥伴，康士藤總經理周佑民（Ming）是我敬重的前輩；讀完此書，我對 Ming 與其團隊，對於職場溝通議題的精闢理解，與解決方案的細膩呈現，感到萬分佩服，且獲益良多：

1. 康士藤深知溝通是創造更寬廣價值的必要方法之一，為此發展出獨具特色且實用的 TCA 溝通心法（T:Target, C:Clarification, A:Agreement and Action），以創造與豐富他人的價值為目標。
2. 康士藤體認職場溝通必須以人性為背景，故在提供企業顧問服務時，格外注重對職場心理的剖析，如「員工轉任主管的五大陷阱」，提醒管理者要注

意自己的附加價值在於協助他人完成組織任務；而「焦點不同、想法不同、答案就不一樣」，則提醒管理者要將焦點由自己延伸至他人，由內部轉換至外部，由工作擴展到人際。

書中還有許多智識，如「動力能力組合」、「管理與領導思辨」等，都是理論與實務兼具的啟發，讓我受惠不少。每個篇章都以個案為首，心得摘錄做結，是很易讀的為文結構。此書能夠付梓，確實對於實務上的管理者與職場創價者有益。

走筆至此，希望您能被本書感動，買下此書、讀完此書，並分享此書。我深信，此亦為康士藤出版本書的初衷，同時也是所有康士藤夥伴，以及 Ming 的好友們所樂見的成果。

再次恭喜康士藤，Hey Ming , You Nail It Again!

信邦電子股份有限公司
歐美區人力資源協理　李山

善用溝通工具，打造良好工作環境

身為一家快速成長的新創公司共同創辦人，我深刻體會到良好的組織溝通對於公司發展的重要性。尤其在這個瞬息萬變、競爭激烈的時代，溝通更是不可或缺的一環。因此，我非常榮幸能夠推薦這本新書《TCA 卓越領導勝經》。本書由一群實戰豐富的專家所撰寫，旨在提供有關溝通與領導的豐富知識與實用工具，幫助讀者打造更好的工作環境。

職場溝通技巧的重要性

職場上的溝通，是每個人都必須面對的挑戰。在一個複雜多變的組織環境中，溝通不良往往會導致許多問題，如內部矛盾、不良決策或部門間的摩擦等。這些問題往往會對公司的發展產生負面影響。因此，了解職場溝通的原則和技巧，對於領導者和員工都是至關重要的。

試想，就連我們生活中最緊密相處的家人或伴侶之間，尚有可能發生大小爭吵、誤會或傷害。在更為龐大複雜的組織架構下，溝通肯定會帶來更高的成本，並且需要更專業的技巧。因此，本書以不同案例講解說明，更能使讀者有帶入感，並在實際情境中學習與應用。書中談及了很多重要的話題，例如主管應有的正確觀念與態度、對症下藥的部屬指導策略、因材施教的有效領導、深層傾聽的弦外之音，以及三種回應技巧等。

TCA 溝通心法的實踐效果

本書介紹了一套有效的溝通心法——TCA（Target, Clarification, Agreement/Action），能讓讀者在與同事溝通時，準確地傳達目標、內容和行動，達到有效溝通的效果。此外，書中還談到 TCA 團隊發展四階段，讓讀者深入了解，如何協助團隊成員有效地升級發展、提高團隊績效。最後一章提供綜合個案演練，讓讀者能將所學的知識和技巧，應用於實際情境，磨練自己的溝通技巧。

個人之所以推薦這本書，不僅基於其對職場溝通的深入分析，更因為它提供讀者實用的建議。我的公司也曾參與文化訓練和主管成長的課程，因而更能體會到職場溝通的必要性與專業性，並以更好的方式實踐，也希望此書能為讀者帶來啟發和幫助。

門戶科技股份有限公司
Co-Founder & COO　顏維佐 Edwin

一本提升職場溝通技巧的寶典

職場溝通力一直是管理者不可或缺的職能，本書結合理論與實踐，從心理學的理論基礎，到解析職場中的組織行為；從策略思考到提供技巧工具，全方位地探討了在實務場域中會遇到的溝通議題。

如何破除「有溝沒通」的窘境？

一般而言，管理職能通常較為抽象，大多數的經驗傳承，常透過「只可意會，不可言傳」的方式，從自身接觸過的其他管理者開始模仿學習，但能否真正達成有效溝通，只能透過不斷地從溝通對象的反應回饋，來確認自己的溝通方式是否有效。不過，以後不用這麼辛苦地自己摸索了，無論從非管理職到管理職的角色轉換時，可能會遇到的心態差異；或工作規劃上可能會遇到的時間管理議題，本書都將教你如何辨識任務的輕重緩急，不輕易為部屬「背猴子」，以及如何針對部屬的能力和意願，給予不同的領導方式等。

同時，本書透過非常結構化的方式，將許多較為抽象的概念，轉換為簡單易懂的分析工具，並根據許多實務案例，將有效的溝通方法，轉化為非常好記的 TCA 溝通模型，讓管理者在進行溝通時，自然而然地熟記其中應著重的四大環節：確立溝通目標、釐清問題、共同擬定解決方案，以及後續的行動展開。

另外，書中也提供相當豐富的案例分析與技巧，幫助讀者更好地理解和應用職場中可能會遇到的溝通挑戰，讓身為管理者的你，更從容地應對職場中的溝通議題，並找到有效的解決方案。如果你希望在職場中取得更好的溝通效果，如果你經常遇到「有溝沒有通」的窘境，本書絕對值得一讀。它將幫助你提升職場中的溝通技巧，並取得更好的溝通成效，你可以把它當成隨時可拿出來使用的溝通寶典！

知名流通業
人資主任　盧佩妤

有效溝通、創造三贏的管理寶典

在從事人資領域的工作中，我看過許多新手主管熱切地期望自己能夠盡快上手，讓團隊有所作為，卻因為不得要領而感覺挫折；抑或是資深主管在領導團隊多年後，隨著世代的轉變，新型態價值觀紛紛湧現，而開始感到無力。

有效溝通是創造共識的關鍵

回歸根本，每個人對於工作的定義都不同，或許是為了維持家庭生計、期望更高的生活水準、實現自我理想，或是追求成就與價值。正因為大家各自帶著不同的出發點聚集在一起，領導團隊的困難便源自於此。如何將組織的願景、管理者的目標，以及執行者的個人追求，透過有效的溝通，說彼此聽得懂的話，並從中取得共識，創造三贏，是一道非常重要又極具挑戰的課題。

康士藤有感於溝通對於團隊的重要性，因此在本書中，集結了許多顧問的實戰案例分享和專業理論基礎，同時也不忘對人的關懷。本書含金量高、深入淺出，且面面俱到，無論對於新手主管觀念建立、縮短上任陣痛期，或是資深主管面臨困境時的反思檢視，都是非常適合的工具寶典。當然，寶典內的祕笈需要「有用」，才能「有用」，必須實際應用並結合管理者自身的個性與風格，相信便能自成一派，擁有默契十足、同舟共濟的團隊！

知名貨運承攬業
人資主管　Kristy

Contents

構建 TCA 職場溝通策略，創造與豐富他人價值

我第一份工作是從園區的人資初階開始，一路升至高階人資主管，最後成為策略夥伴（HRBP）。2010 年，轉換到管顧講師的跑道。本來是想脫離業界出來透透氣，沒想到一晃眼就又過了一個十年。

在這十多年裡，成立自己的公司，建立自己的品牌，凝聚志同道合的夥伴，打出屬於自己的天下。這十幾年來，不斷驅使著我前進的動力，就是康士藤的核心精神——「創造與豐富他人的價值」。

康士藤堅定地朝著這個目標前進，回顧創業以來，公司有幾個重要的里程碑。首先是獨家研發的 TCA 職場溝通；接著是策略思考（Strategic Thinking）；現在則發展為「策略思維出發的客製化問題解決方案提供者」。從根本的溝通，到組織整體的策略規劃，我們提供完整的客製化問題解決方案，成為組織的外部策略夥伴。

我們不斷在思考，除了每年大量的企業內訓之外，還有什麼方法能夠創造出更寬廣的價值？能夠豐富更多

人的生命？於是有了這本書的出版。

這本《TCA 卓越領導勝經》，匯集了超過十年的授課經驗，整理了超過千家客戶的個案，萃取出一套簡單易懂、即學即用的架構。目的就是希望每個人能夠從溝通開始，進而達成團隊共識、創造組織願景。

溝通不是說服，而是建立共同願景。因為每個人都是一個獨特而美麗的靈魂，擁有各自不同的特質，從自己的角度去觀看與理解世界。但是人類的可貴之處就在於，我們能感受與接收他人的情感，並做出適當的回應，或是同情共感，或是惻隱互助。就是因為「溝」是永遠存在的，所以「通」之必要是人與人之間不斷建立連結的努力。有了「溝通」，才能一起想像共好的將來，並為之努力奮鬥。

職場的溝通協調能力，是當代管理職能中的重要一環。這本書集結了康士藤管理顧問公司講師群的著述，透過不同背景與風格的講師，千錘百鍊出貼切的案例與場景，目的就是希望從這個基礎的架構中，每個人都能夠以不變應萬變，融會貫通後，創造出屬於自己的溝通風格。在此，我要特別感謝所有夥伴的妙筆生花，讓本書著著實實成為卓越領導的祕笈。

最後，我們常說的，課程結束以後，學習才真正開始。所有知識只有在應用的時候，才能夠發揮真正的價值，我在此誠摯邀請各位讀者，在閱讀完本書以後，落實有效的職場溝通，進而創造與豐富自身的價值。

康士藤管理顧問集團
總經理　周佑民

一起進入《TCA 卓越領導勝經》的殿堂取經

一般而言，組織會將專業能力最優秀的員工晉升為基層主管，期望他們能將自己的專業知識和技能，轉授給團隊成員，或設法將部屬的專業技能提升至更高水準，方能使整體戰力更上層樓，進而產出更高的績效。然而，專業能力好就等於領導能力好嗎？在**〈Ch1 主管應有的正確觀念與態度〉**一章中，林行宜（Bruce）老師從新任主管 Aaron 的案例出發，指出許多人「換位置」，卻沒有「換腦袋」，由專業職轉換為管理職後，並未調整與改變自己的心態與思考方式。此外，並點出五個員工轉任主管的陷阱：1. 總想掌控細節，親力親為；2. 永遠被時間追殺，事情總是做不完；3. 以自我世代思維，帶領不同世代部屬；4. 員工認錢不認人，但主管對錢沒有決策權；5. 部屬行為很努力，但結果沒達標，不知如何要求。Bruce 老師一步一步地引導讀者檢視自己是否也落入這些陷阱，同時提出解套的方法，幫助讀者建立正確的觀念與態度。

位置換了，腦袋也換了之後，接下來就是如何執行的問題了。坊間許多關於職場溝通的書籍，多半著重於分享成功經驗，這些經驗固然重要，但並不能完全複製。只有將這些成功經驗結構化，並轉換成具體的步驟與工具，才能有效地傳授與實踐。在**〈Ch2 四大溝通心法：TCA〉**這個章節中，吳政哲（Roger）老師以精煉的語言與實務案例，介紹了康士藤獨創的部屬溝通心法 TCA Model，讓讀者更容易理解和掌握心法。

TCA Model 分別是：**目標／期待（Target）、搜集資訊／釐清問題（Clarification）、解決方案／共識承諾（Agreement），以及行動展開／進度掌控（Action）。**

目標／期待（Target）是指設定清晰的會談目標，才能快速對焦、避免失焦；而搜集資訊／釐清問題（Clarification）的重點在於，如何透過溝通的三大關鍵技巧（觀察、傾聽與提問），協助部屬看見問題、分析問題和解決問題，進而產出共識（Agreement），作為後續落實（Action）的行動計畫與檢核依據。TCA 四步驟可形成一個閉環，每個步驟都會影響到下一個步驟。如果前一個步驟清楚明確，便有助於下一個步驟的具體落實。

在了解 TCA Model 與掌握關鍵技巧後，我們必須知道，什麼時候面對什麼樣的部屬，需採取什麼樣的指導策略？**〈Ch3 對症下藥：部屬指導策略〉**一章中，羅宇娟（Jan）老師透過案例解析**能力動力矩陣**，將部屬分為四種情況：能力強動力強、能力強動力弱、能力弱動力強、能力弱動力弱。如何給予這四類部屬適當幫助呢？一般來說，能力弱動力強者，通常是新人，我們需要提供訓練發展與知識技能；能力強動力弱者，較多是資深員工，需先清楚他們的專長，並了解他們希望被看見或是提升能力，再給予適當的激勵；至於能力弱動力也弱者，則須高度要求、限期改善，才不會影響團隊氛圍；最後，也是最容易被忽略的是能力強動力強者，這類人離開後會對部門造成損失，而且培育這樣的人才也不容易，故應挪出時間與其溝通，並制定發展計畫。

在**〈Ch4 因材施教：有效領導〉**一章中，盧立軒（Estella）老師引用約翰・科特（John P.Kotter）在 1990 年出版的《變革的力量》中的概念：管理帶來秩序與一致性，從而創造使企業獲利的條件，而領導則有所不同。當企業透過管理，聚焦在維持與「不變」幾乎是同義詞的「秩序與一致性」的時候，領導卻是創造變動的。許多被視為領導者的人，他們的共通性就是創造了改變。Estella 老師從區分管理和領導的概念開始，深入闡述了**管控、指導、輔導和教練**的意涵；並透過「如何領導新進員工盡快上手？」與「如何協助高潛力人才執行新任務？」兩個情境案例，點出因材施教是有效指導的關鍵要素。

管理者若要扮演好自己的角色，並做出正確的決策，除了因材施教之外，資訊的完整與正確也是關鍵要素之一。然而，職場中充斥著資訊不對稱的情況，導致人與人之間存在著認知差異與理解瓶頸，也影響了信任關係與協作效能。Estella 老師在**〈Ch5 弦外之音：深層傾聽〉**一章中，提出掌握「行為」線索的五項原則，可以協助管理者有效管理領導，包含：觀察行為、觀察場合、觀察角度、已知行為模式的變化，以及不同種類線索之間的一致性。此外，積極聆聽的重要性是不言而喻的，然而，如何才能做到積極聆聽呢？本章提出可透過三種溝通傳遞的資訊（事實、感受與觀點），予以檢視、練習，同時指出無論何種溝通形式，相互理解與信任都是有助溝通的基石。

根據不同的氣氛、場景與對象，人們在對話中可能會使用多種回應技巧。**〈Ch6 三種回應技巧：同理、探查與建言〉**一章中，林惠雯（Christine）老師強調領導者應該將部屬視為一個「完整的人」，而非用來達成團隊目標的「工具人」。如果主管能夠適當地回應，讓團隊夥伴感到被理解、被支持、被指導（而非指揮），對團隊會更有認同感和歸屬感。接著帶出三種實用的回應技巧——同理、探查與建言，掌握這三種回應技巧與運用搭配，不僅能促進主管與部屬之間的互動氣氛，還能讓主管一併進行部屬的工作指導或要求。

在學習 TCA Model 幫助有效溝通、運用能力動力矩陣對症下藥，進而透過四個授權指導模式因材施教，加上使用深層傾聽的原則，取得正確資訊，以及掌握同理、探查與建言三種回應技巧後，身為主管，亦須了解自己的領導類型，才能進行自我調整。**〈Ch7 情境領導：恩威並濟〉**一章中，郭宏偉（Jacky）老師透過案例與四種情境，協助主管評估自己的領導類型，以及如何優化領導行為。

不論是主管了解自身領導類型進而調整優化領導行為，或是學習各種有效部屬指導與溝通技巧，都是希望能達到團隊共識，進而建立高績效的團隊。楊恭茂（Eric）老師在**〈Ch8 團隊發展四階段〉**中，將焦點從「個人」轉向「團隊」，畢竟團隊就是一個群體，主管需要在不同的團隊狀態下「因材施教」，並以著名的理論「團隊發展階段模型」為基礎，透過情境案例的分析，並結合豐富的實務經驗，讓讀者更容易掌握自身團隊發展的脈絡。

本書最後一章是**〈Ch9 綜合個案演練〉**，張宏梅（Monica）老師指出，管理職的工作價值，來自於透過他人完成工作，焦點則為「管理他人完成多項任務」。本章將透過三項不同情境的個案，綜合演練前八章所提及的心法與方法，期使主管與部屬皆能為組織，投入更好的工作動能。

現在，大家準備好與我們一起進入《TCA 卓越領導勝經》的殿堂取經了嗎？

Chapter 1

主管應有的正確觀念與態度

林行宜 *(Bruce)*

許多基層專業人員剛轉任為主管時，經常陷入「換位置」，卻沒有「換腦袋」的境地。當專業職轉任主管職後，若未建立正確的觀念與態度，容易掉進以下五大陷阱！

(1) 總想掌控細節，親力親為。

(2) 永遠被時間追殺，事情總是做不完。

(3) 以自我世代思維，帶領不同世代部屬。

(4) 員工認錢不認人，但主管對錢沒有決策權。

(5) 部屬行為很努力，但結果沒達標，不知如何要求。

苦惱的新任主管 John

John 是個勤奮自律的上班族，擁有卓越的專業力與執行力，年度績效在團隊中總是名列前茅，在一次年度晉升的機會下，被拔擢為基層主管，John 雀躍萬分。然而，原本覺得當主管好威風的 John，一上任後，才發覺情況和自己想像的完全不同。

不僅原本的同儕關係變得疏離，團隊成員交出的品質，總是又慢又爛，最後 John 都得親自善後。許多重要的案子，也因為交辦不下去，只能扛在自己身上。望著不斷累積的工作清單，以及不斷延後的下班時間，除了心累，還是心累。不僅懷念起當年還是基層員工時，那種將自身工作做好就行的單純與幸福。

John 的案例，並不是特例。許多基層專業人員剛轉任為主管時，常會陷入上述的困擾與陷阱。究其原因，主要是因為 John「換位置」，卻沒有「換腦袋」。由專業職轉換為管理職後，在心態與思考上，也必須有所調整與改變。

專業職轉任主管職後，若未建立正確的觀念與態度，會掉進哪些角色轉換的陷阱呢？

員工轉任主管的五大陷阱

(1) 總想掌控細節，親力親為

首先，隨著角色的差異，工作價值的貢獻方向也有所不同。專業職的工作方向，主要在於運用個人專業，為組織創造績效與價值，焦點在於「獨立完成有限任務」。而管理職的工作價值，則來自於透過他人完成工作，焦點在於「管理他人完成多項任務」。

⊕ 管理職工作焦點：管理他人、完成任務

如果專業職升任管理職後，思維仍停留在「獨立完成」的層面，對於團隊成員沒做好、沒做到的任務，最簡單的解決對策，就是「自己跳下去做」。這個看似直接有效的方法，雖然可以快速解決當前的問題，獲取團隊績效分數，卻無法解決根本問題。

一方面，團隊成員能力沒有提升，下回遇到同類型的挑戰任務，仍然無法做到、做好。二方面，主管沒有轉換思維，沒有鍛鍊「管理他人」的能力，仍停留在「獨立完成」的專業職階段思維。

當成員能力沒有進步，整體團隊的績效量能，就會停滯不前。一般而言，組織通常選擇將專業能力最好的員工，晉升為基層主管，就是期望借重其擅長的專業力，將功力轉授給團隊成員，或設法將部屬的專業技能，提升至更高的水準，方能使整體戰力更上層樓，而能產出更高的績效。

⊕ 啟動「管理他人」能力，團隊績效達標

其次，當基層主管未能掌握黃金時機，鍛鍊「管理他人」的能力。或許某些基層主管，運用專業技能與額

外的時間投入，還能扛得住，因為這些任務的專業性，還在他們熟悉的範疇。

然而，若未來有機會晉升為「中階主管」後，將開始出現一些自己不熟悉的專業領域，但又必須負全責的任務。此時，若仍想以「獨立完成」的專業職思維，自學、自力完成，勢必得耗費更多的時間與精力。因此，得設法啟動「管理他人」的能力，讓不擅長的專業領域，也能運用管理力與團隊的力量達標。

若中階主管天縱英明，即使原本陌生的專業領域，也能快速學習、迅速上手，靠個人之力還是挺得住。當成為高階主管後，還能全部靠自己嗎？恐怕最終的結局，就是三國時期，諸葛孔明的那句經典名言：「鞠躬盡瘁，死而後已。」

當然我們可以理解，主管由原本熟稔的「自我管理」領域，一個被組織捧在手心的績優個人工作者，跨越至另一個陌生、不擅長的「管理他人」領域，必然覺得不熟悉、不安心，感覺昔日光芒盡失，甚至嚴重懷疑自我存在價值。有些基層主管，就是因為害怕喪失在組織中的價值，才回頭搶部屬的工作，重溫那種如魚得水、游刃有餘的成就感。

如同《禮記．大學》所提的修身、齊家、治國、平天下。人一生的修煉過程中，在不同階段，本就有不同的角色，也得承擔不同的責任與修煉科目。進入基層主管的角色，意謂人生由「自我管理」進入「管理他人」的新領域，若能闖過這個重要的人生關卡，未來就有機會讓自己更上層樓，肩負更大的使命與職責，成就人生與職涯的巔峰。

在這個重要的角色轉換當口，主管得不斷自我提醒，不能再沉醉於過去專業職的榮耀，甚至得將專業舞台，適時地保留並讓位給部屬，讓優秀的團隊成員也能在上頭發光發熱。同時也得自我檢視，是否真心誠意地，面對人生下一個階段的角色任務，並在換位置之後，也跟著換腦袋、換思維。

有些主管曾反應：我也知道要交辦、要授權，但上頭交辦的案子，總是又急又重要；而部屬能力又還沒到位，如果一邊教、一邊做，時效上也來不及，手上的任務根本就交不出去！關於這個問題，就得提及主管的第二個角色轉換陷阱——時間管理。

(2) 永遠被時間追殺，事情總是做不完

隨著專業職至管理職的角色轉換，時間管理的重點也有所不同。專業職員工的時間管理重點，在於遵守工作紀律，並做好個人工作安排，確保每一項任務，都能在主管要求的時限內，如期、如質地完成，達成個人的工作目標。

而管理職的時間管理重點，則在於與上級主管確認，團隊目標與任務的輕重緩急原則，並據此規劃團隊任務的優先順序；同時得依狀況，適時支援部屬，並給予培育與指導。

◈ 善用時間管理工具，掌握工作進度

首先，就任務的輕重緩急而言，專業職員工若不太熟悉相關理論或技巧，還不至於會有太大的問題。因為組員所分配任務的完成期限，多由主管設定，成員只要自律地規劃與運用自己的時間，便可符合個人時間管理的要求。

然而，成為主管之後，將成為團隊任務優先順序安排的主要決策者。一旦排定任務的輕重緩急順序有誤，

將使團隊成員將寶貴的時間資源，投入錯誤的方向，導致團隊績效產出不符預期。

因此，為確保團隊的時間資源配置正確，單位主管需與上級主管確認團隊目標的排序原則，同時，亦須學習時間管理技巧。在時間管理工具之中，最常見的當數艾森豪矩陣（Eisenhower Matrix）。該矩陣將工作任務依據「緊急或不緊急」、「重要或不重要」，區分為四個象限，其優先順序建議如下：

1. 象限一（重要／緊急）：十萬火急的救火項目，任務代號為「急」。
2. 象限二（重要／不緊急）：非凡生產力的耕耘項目，任務代號為「重」。
3. 象限三（不重要／緊急）：令人分心的干擾項目，任務代號為「輕」。
4. 象限四（不重要／不緊急）：無益浪費的瑣碎項目，任務代號為「緩」。

圖1-1 正確的行事優先順序

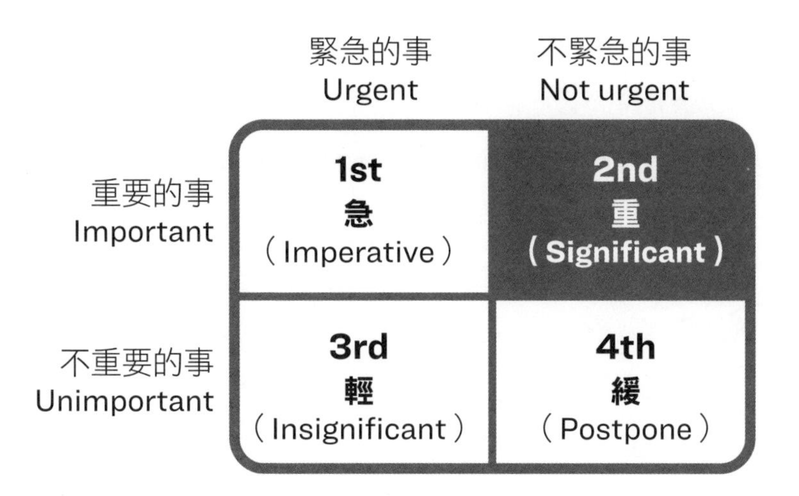

象限一「重要／緊急」的救火任務得優先處理，毫無疑問。而象限四「不重要／不緊急」鐵定是有餘裕時間才做，甚至可忽略不處理，也毫無懸念。問題是當「重要／緊急」的滅火任務完成後，是先做象限三「不重要／緊急」的任務，或者是象限二「重要／不緊急」的任務呢？

針對這個決策選項，許多主管在進行工作任務排序時，主要依據項目的「緊急」程度，而忽略判斷任務的「重要」程度。於是，常會優先選擇處理象限三的任務，因為它「急」！與此同時，本來不急的象限二任務，卻悄悄隨著時間推移，而轉為象限一的救火任務。於是，主管便在象限一與象限三之間打轉。

由於時間緊迫，「重要／緊急」的象限一滅火任務，產出品質往往會打折，績效分數能及格，就算不錯了。而「不重要／緊急」的象限三任務完成之後，產出成果因重要性偏低，價值性也不高。累積起來，將使得團隊的總體績效不佳。

因此，建議主管完成「緊急／重要」的救火任務後，務必得撥出時間，執行「重要／不緊急」的任務。因為象限二的任務，歸屬於非凡生產力的項目，不僅可以提升績效水準，更能未雨綢繆地，降低「緊急／重要」任務發生的機率與傷害。

⌖ 投入一定時間，發掘與培養人才

在時間管理議題方面，除了學習時間管理的相關工具與技巧，主管也得要求自己，將一定的時間運用於培育與指導部屬。奇異公司（General Electric）前執行長傑克・威爾許（Jack Welch）即曾自述，他工作時間中約六至七成，用在發掘、考核與培養人才。

試想，如果主管自顧不暇，一直無法撥出時間，提升部屬的能力，部屬如何分攤主管的工作？如果主管未能帶領部屬，做好未雨綢繆的規劃及準備，「緊急、重要」的救火任務就會不斷發生，不僅主管焦頭爛額，團隊也將疲於奔命。

事實上，人才培育與發展，也是屬於象限二「重要／不緊急」的一環。唯有團隊實力不斷成長，練就非凡生產力，才能逐步提升競爭力，也才能讓主管有機會脫離「鞠躬盡瘁、死而後已」的悲劇性結局。

(3) 以自我世代思維，帶領不同世代部屬

專業職轉任為主管職，另一個常見的陷阱是，對於不同世代的部屬，存在許多的疑惑與偏見。

不同世代常難以互相理解，這種狀況其來有自，因為彼此的成長環境不同，造就差異化的思維模式與價值觀。當彼此還是同儕時，還不至於造成太大的困擾，頂多和不同世代的人保持距離，或維持表面和諧。

然而，當轉換成管理職後，得面對驅動不同世代部屬的職責，就更凸顯彼此在思維與想法上的巨大差異。

跨世代領導的主要挑戰與議題，主要來自於每個世代，都是用自己世代的經驗與角度，看待另一個世代，因此容易產生嚴重的溝通與領導代溝。

◈ 跨產業世代的管理模式

跨世代議題，可分為「跨產業世代」與「跨人才世代」兩個面向。我們先從「跨產業世代」來檢視其中的管理模式差異：

在經濟發展歷程中，隨著時序，率先進入以「製造管理」為主的產業世代。為了達到最大的製造產出效益，並講求效率、紀律與標準化，管理模式自然以命令、指揮與監督為主，目的在於鍛鍊出一批如同士兵般，具備高服從性與高執行力的生產大軍。

所謂命令，是我說你做，無須雙向對談。所謂指揮，是一個口令一個動作，不須額外思考或創作。所謂監督，是找錯誤、重糾正，嚴格要求照規範執行。如此才能高效落實指令，取得高效率的成果。

當時序進入以「知識管理」導向的產業世代後，追求創意、價值與客製化。為了培養出具獨立思考力與判斷力的知識型人才，領導模式則講求引導、教導與激勵。

因為在知識掛帥的產業世代，人才得具備獨特創意、獨立思考與判斷力，才能創造出高價值的智慧資產。

所謂引導，是我問你想，藉由提問，啟動思考模式並突破思維盲點。所謂教導，是我教你問，以反思卡點深化學習。所謂激勵，是重優點、給獎勵，鼓勵突破框架的行為，且勇於創造不同。如此才能不斷進化、與時俱進。

當習慣「製造管理」模式的主管，進入「知識管理」的產業世代時，因應新產業世代的需求，總期望部屬具備思考力與創造力，才能產出高附加價值的知識。然而，帶領部屬的模式，卻仍沿用「製造管理」世代的命令、指揮與監督模式，又如何能期待部屬，在高度強調紀律與標準化的管理模式下，會有多少突破與創舉呢？

對部屬而言，也難以瞬間轉換、調整行為模式。試想，一名高度服從指令的衝鋒戰士，習慣了「一個口令、一個動作」的指揮模式，突然被長官要求提出具戰略高度的見解與思路，面對這種矛盾指令，內心應該也會覺得錯愕與茫然。

想要培養、鍛鍊出具思考力與創造力的軍官，必須調整管理模式，將原本命令、指揮與監督的管理方式，修正為引導、教導與激勵的互動模式，讓部屬在平日的任務中，即被引導不斷地探索、思考並提出創見，才能逐漸成長為具戰略格局的軍事指揮官。

◈ 跨人才世代的管理模式

另一個跨世代議題，則為「跨人才世代」的議題。知名作家約翰·葛瑞（John Gray）的暢銷著作《男人來自火星，女人來自金星：男女大不同》，以男女分別來自兩個不同的星球，比喻男性與女性在思考模式、行為舉止及感情需求方面，截然不同，彷如來自兩個不同星球的人類。

其實，跨人才世代之間，也應該將之視為來自不同星球或空間的人看待。無論人才世代的區分方式，是以嬰兒潮世代、X 世代、Y 世代與 Z 世代為主，或以動物為代稱的牛、狗、貓世代。在不同人才世代的成長過程中，政治、經濟、社會情境均有所不同，也因此才有不同的價值觀、行為與信念，彷如來自不同的星球或空間。

- **嬰兒潮世代：**成長於生活條件相對困頓的年代，「溫飽」問題是普遍的生存挑戰，為了滿足「生理」的基本需求，他們更願意刻苦耐勞，沒日沒夜地投入工作。因為過不了「生理」需求這關，其餘免談。

- **X 世代：**出生於經濟起飛的年代，「溫飽」議題已慢慢透過前一個世代的努力，而獲得舒緩，但他們普遍欠缺「關愛」，因為父母都在「拚經濟」，於是他們從小就得學習自力更生、自我照顧，「安全」與「被愛」是潛藏的深層渴望。
- **Y 世代：**成長的環境已繁榮富饒，他們處於一個最好的世代，因為什麼都有了，父母在物質與精神上的給予，常超越他們實際所需。相對地，他們也處於一個最壞的世代，正是因為什麼都有了，各行各業蓬勃發展的風頭浪尖已過，不是隨便占個位子，就能順勢而起。「自我實現」的存在感與價值感，是 Y 世代的重要需求。
- **Z 世代：**在其育成過程中，數位科技陪伴他們的時間，往往超過父母。網路世界的快速、多元與多變，讓他們的思維也顯得靈活、機動與彈性。然而，過度爆炸的資訊量，遠遠超越大腦負荷，也常讓他們迷失在絢麗多彩的網路迷霧森林，喪

失自我與方向。聚焦精力於可發揮影響的項目，
同時尋找自我的人生方向，則是 Z 世代的課題。

人們喜歡以自己熟悉的模式，看待他人，這也是一種人性的慣性。如果無法體認不同世代之間，存在巨大差異的事實，便無法調整自己的溝通頻道，難免會產生許多「雞同鴨講」的溝通障礙。

特別是，許多主管所帶領的是多元混合世代的團隊，有些部屬來自新世代，有些部屬偏向年長的資深世代。為了有效帶領部屬，了解不同星球人類間的差異性，設法因應不同世代需要，客製符合他們的領導模式，才能突破跨世代領導的關卡。

(4) 員工認錢不認人，但主管對錢沒有決策權

有些主管的轉任陷阱，是將所有的管理議題，都歸咎於「錢」。人才招不進來，歸咎於公司薪酬太低；人員動力不足，歸因於獎酬激勵不足；人員之所以離職，當然也是因為錢給的太少了。如果需要數據佐證，主管還

可以拿出離職原因調查分析，歸類於「薪酬」的項目，總是名列前茅。

俗話說：「錢非萬能，沒有錢卻萬萬不能！」錢不是不重要，每個人都重視這個支撐家庭、夢想與自由的經濟力量。但若將所有人員管理問題，總結在一個「錢」字，似乎意謂主管本身無須負責，也沒有任何問題，但事實真是如此嗎？

⊕「錢」是處理員工議題的唯一解方？

當組織內部進行離職原因分析時，多依據員工離職前所填寫的離職申請描述。在人員離開組織之前，為避免碰觸敏感議題或造成碰面互動時的尷尬，所撰寫的離職原因，常是檯面上的理由，如薪酬因素、職涯規劃、家庭問題等，都是標準的託辭。若等到人員真正離開組織再行調查，答案必然大不同，許多人員管理議題，屆時才會真正浮現。

就算「錢」確實是造成人員管理的重要因素之一，如同主管所認知的，自己對於薪酬並沒有太多主控權。若將部屬或團隊的所有議題，都推給了可控性低的因素——錢，那麼主管本身就可以無作為了嗎？況且，若將「錢」視作員工議題處理的唯一解方，容易導致主管與部屬之間，形成一種利益交換的關係。無論希望部屬多做一些或多承擔一些，都得用錢作為交換的籌碼。

這種建立在金錢之上的關係，相對薄弱。如果主管無法提供源源不絕的金錢誘因，部屬的動能與配合度立即降低。然而人的貪念與欲望，如同無底深淵，得靠不斷增加的薪酬額度，才能維持彼此關係。一旦其他公司願意多付一些薪酬，這種以「錢」營造的關係，常會立刻瓦解，因此部屬會選擇琵琶別抱，對於主管與組織，毫無眷戀與遲疑。

⌖ 激勵員工，提升工作滿意度

課程中我常問學員，部屬除了「錢」，還需要什麼？所獲得的答案，包含成就感、價值感、被認同、被讚賞，以及良好的工作氛圍等。這些需求對主管而言，應該是相對可控的，起碼得努力針對這些項目加把勁，讓部屬獲得不同程度的滿足。

從理論來看，美國學者赫茲伯格（Fredrick Herzberg）所提出的雙因素激勵理論中，將能夠提升員工滿意度的因素，區分為保健因子與激勵因子兩類。所謂保健因子，是指沒獲得就會有不滿足感的因素；但獲得後，不會特別有被激勵的感覺。獲得之後，會產生激勵效應的，才是激勵因子。

若搭配另一名學者馬斯洛（Abraham Maslow）提出的五層次需求理論，進一步分析。從底層開始，第一層的生理與第二層的安全需求，屬於保健因子；第三層的人際關係，以及依序的第四層自尊認同、第五層自我實現等需求，則屬於激勵因子。

在歸類上，「薪酬」屬於第一層的生理需求，也是所謂的保健因子，意即當員工獲得後，並不會有太大的激勵感。況且主管也能體認，自己對於「錢」實在是無能為力，面對這個不可控的因素，究竟還要將「它」充作擋箭牌多久，才滿意呢？

而部屬所需的人際關係、自尊認同與自我實現，不僅屬於激勵因子，更是主管相對可以掌控的。因此，主管不如好好利用時間，將重心放在具激勵效果的項目，修練自身的管理與領導功夫，才是王道。

(5) 部屬行為很努力，但結果沒達標，不知如何要求

主管在評量部屬的績效時，通常會同時考量「事」與「人」兩種面向，但比重略有不同。內在傾向著重「事」多一些者，相對重視「結果」。此類型主管認為，無論過程如何，最終仍以成果論英雄。而傾向著重「人」的比率高一些者，相對重視「行為」。他們的邏輯是，只要部屬在執行任務的過程中，其態度與行為是正確的，結果就不會有太大問題。

著重「事」，相對重視「結果」的主管並沒有錯，因為組織沒有持續產出具體貢獻，並無法持續經營、基業長青。而著重「人」，相對重視「行為」的主管也很好，因為過程與行為的回饋也忽略不得，部屬方能符合組織所期許的價值觀與行為軌道。況且多數部屬均期望獲得具體回饋，以及感受到主管的關注。

⊕ 兼顧行爲與結果，降低偏差文化風險

專業職轉任管理職容易掉入的陷阱，不是在意「事」或「人」，而是過度在意「事」或「人」，導致組織文化

失衡。

若過度期待「結果」而忽略「行為」，在重賞績效英雄的效應下，行為沒有受到適度的約束與管制，很容易會有成員開始走偏鋒，挑戰組織原本設定的遊戲規則。對於以結果導向的組織或主管來說，面對此狀況，通常會選擇睜一隻眼、閉一隻眼，畢竟該成員已繳出成果。

於是，愈來愈多人紛紛起而效尤，路也就愈走愈偏，形成「為達目的、不擇手段」的組織文化。當偏離軌道過遠且逾越道德或法令的紅線時，便可能導致百年企業一夕崩盤。

反向來看，若過度期待「行為」而忽略「結果」，如同上述標題：「部屬行為很努力，但結果沒達標，不知如何要求」的描述，其中隱含既然部屬已經夠努力了，就不忍苛責的念頭。因為沒有功勞，也有苦勞；沒有苦勞，也有疲勞！

當未達標也不會被要求改善時，或當只要「展現」努力行為，即可免受責罰時，將導致團隊出現「只問耕耘、不問收穫」的組織文化。一旦團隊遲遲無法交出成果、創造最終價值，未來可用資源將愈來愈少。正所謂巧婦難為無米之炊，組織面對資源不足、效能不彰的惡性循環，營運將每況愈下，最終只得謝幕收場。

因此，主管需提醒自己，必須同時兼顧「行為」與「結果」。而組織在設計績效管理的制度時，總要求團隊主管無論在目標設定、期中日常管理與期末考核時，皆須包含「結果目標」與「行為目標」兩大類，主要目的在於督促主管進行團隊管理時，必須同步要求「結果」與「行為」，降低出現偏差文化的風險。

⊕ 設定「行爲目標」，檢核「結果目標」

為了追蹤與檢核「結果目標」的執行進度，主管會與部屬在期初共同設定量化的關鍵績效指標（Key Performance Indicators，KPIs），並收集指標數據的統計表單。無論部屬的 KPI 目標，超乎、符合或落後執行進度，主管均可與部屬核對 KPI 的表單與數據，確保「結果目標」的落實與達標。

在「行為目標」方面，主管也可與部屬共同針對部屬相對較弱的行為，設定部屬須改善或提升的「行為目標」。在日常管理時，若部屬行為符合期待，須適時給予讚美，促使其重複出現正向行為。反之，若行為不符合組織價值觀或行為準則，也應及時告知並要求改善，方能敦促部屬停止或調整負向行為。

主管不敢直指部屬缺點的主因，常是擔心點出部屬缺失後，雙方關係變得緊張、尷尬，或是因此被貼上「惡主管」的標籤。問題是，若部屬一直不知道自己的表現不佳，等到期末考核時，才收到「戰力外」的考核結果，這樣對於部屬公平嗎？與其如此，相信更多成員會期望自己能及時且具體地獲知詳情，如此還有機會與時間調整改善。

因此，主管應在團隊成員績效落後時，善盡職責並明確指出部屬的問題點，適時給予必要的協助，成為一位善於引導與培育部屬的好主管，而非表面上粉飾太平，實質耽誤部屬學習成長的濫好人主管。

焦點不同、想法不同，答案就不一樣

從專業職轉換至管理職，是人生與職涯中一個重大的轉折。總結其中的關鍵點，在於焦點移轉。

首先，焦點得由自己轉換至他人。專業職的焦點在自己，只須做好自我紀律管理、個人時間配置與安排。

管理職的焦點則須調整至他人，須關注團隊成員的行為與結果，確保整體目標達標。

其次，焦點得由內部轉換至外部。專業職的焦點在內部，溝通與互動重心，多在所處單位內的人與事。而身為內、外部溝通橋梁的管理職，得開始留意外部資訊及變化。所謂外部，包含組織外的政經與社會局勢、組織內部的跨部門單位，當然也包含上級單位。

最後，焦點得由工作轉換至人際。專業職的焦點主要為工作層面，以符合組織要求的方式，完成被指派的任務。管理職的常見職責，則包含向上溝通、向下溝通與跨單位溝通。為了達到溝「通」的效果，需將焦點投注於與人際相關的情緒、需求、溝通風格及價值觀差異。

上述的焦點轉換，說難不難，說簡單，其實也有難處。焦點轉換的挑戰之處，在於必須克服人性的慣性；而焦點轉換的簡易之處，在於它只要個人願意，即可立刻調整焦點。

我們相信，一位能獲得組織認可，由專業職晉升為管理職的人才，定然在從事專業職的期間，具備優異的覺察力、學習力與紀律性，方能在擔任專業職時鶴立雞群。只要秉持相同的態度與精神，持續自我提醒需轉換焦點，再加上學習、運用管理與領導的技能。所謂「一回生、二回熟、三回變高手！」有朝一日，定能在管理職的新人生領域，綻放更絢麗的光彩，創造、豐富他人與自我的價值。

Chapter 2

四大溝通心法：TCA

吳政哲 *(Roger)*

職場上的溝通，除了通透資訊與觀點交流，尚須清楚的方向引導，亦須具體的結論收斂。TCA 四步驟能使主管與部屬的對話更容易聚焦，進一步解決績效問題。

(1) Target 目標／期待：定義清楚的目標與期待。

(2) Clarification 搜集資訊／釐清問題：交流想法、釐清問題。

(3) Agreement 解決方案／共識承諾：分析問題，提出解方。

(4) Action 行動展開／進度掌控：實際執行，檢驗進度。

阿達有哪些績效問題？

阿達進公司已經兩年，最近交辦給他的事情經常丟三落四，與同事的互動也很冷淡，有時候感覺他好像心不在焉或消極抵抗。今天早上遇到阿達，問他最近的業績狀況，他只說了兩個字：「還好。」講話的時候眼神無力，一副事不關己的態度，讓人看了就一肚子火。

身為主管的你，認為阿達的績效問題為何？可能導致的原因為何？你打算如何處置這名員工？

許多主管一開始聽到這則案例時，會認為阿達的態度不對、積極度不夠、團隊精神不足等。甚至也有主管推斷可能是私人問題（如感情、家庭或健康等），影響了阿達的工作表現，因此想要動之以情，幫他打氣、給他鼓勵；也有主管會和阿達曉以大義，要求他主動積極；更有些主管打算威之以勢，如果不改善績效就會請阿達離開……

平常和朋友聊天可以天南地北，不需要定方向，也不必要下結論，開心就好！然而，工作上的溝通，除了通透資訊與觀點交流之外，還需要清楚的方向來引導，也需要具體的結論來收斂。當方向不清、結論不明時，便容易出現「有溝沒有通」的窘境！

TCA 溝通四步驟

在工作上的溝通，我們整理出四個重要的環節與步驟，分別是：目標／期待（Target）、搜集資訊／釐清問題（Clarification）、解決方案／共識承諾（Agreement）與行動展開／進度掌控（Action）。

溝通對話的第一個步驟是：先定義清楚的目標與期待。例如：開會的時候，主持人會先說明本次會議的目的與重要性，希望達成的目標及期待。對部屬溝通也是如此，如果沒有清楚的 Target，雙方的對話容易流於聊天，甚至可能主題已經跑偏卻不自知。由於討論容易失焦，結論自然也容易模擬兩可。

溝通對話的第二個步驟是：針對 Target，充分交流想法、釐清問題。此階段的交流盡可能保持客觀與開放，讓雙方的資訊盡量透明，減少不必要的誤解與盲點，同時也鼓勵人員參與，接下來找到解決方案時，才容易讓與會人員產生共識，也才更願意承諾執行。

溝通對話的第三個步驟是：針對 Clarification 所釐清的資訊與問題現況，進行問題分析，並提出解決方案，接著安排分工與資源調度，最後產出 Who do what by when 的結論，做為後續落實（Action）的行動計畫與檢核依據。

溝通對話的第四個步驟是：離開會議室之後，針對 Agreement 的結論實際執行，並定期或不定期檢驗執行進度，確認執行方向是否對焦到第一步驟的 Target，以確保行動的方向與目標一致！如果行動偏離目標，或者行動產出的階段性成果，不如原本所規劃預期時，必須回到第二步驟，再進行問題釐清與資訊搜集，調整 Agreement，以利進一步的 Action。如此循環下去，直到達成目標為止！

有時候主管個性太急，或者因為經驗比較豐富，面對部屬的任務分派或進行績效改善溝通時，容易跳過 Target，甚至 Clarification 兩個步驟，直接要求部屬提出解決方案；有些主管乾脆直接提供部屬方案，並要求對方執行。如果這個任務重要又緊急時，主管跳到第一線直接推動，亦無可厚非；然而在一般情況下，基於人才發展的立場而言，最好讓部屬充分參與 TCA 四步驟，特別是 Clarification 與 Agreement，最好由部屬提出，這樣他才容易當責，達成任務時也才有成就感！如果不管事情的輕重緩急，凡事皆由主管下令、部屬執行的話，久而久之，部屬學到的就只是反映問題、等待指示，與被動負責的工作態度！

其實，TCA 四步驟可以形成一個閉環，每個步驟都會影響到下一個步驟。前一個步驟如果清楚明確，便有助於下一個步驟的具體落實；反之，如果某個步驟卡住，可能導因於前個步驟沒有落實，此時，團隊可以回到前一個步驟討論並加以修正。例如，離開會議室後，一展開行動（Action），便發現窒礙難行，可能來自於前一個步驟 Agreement 所找到的行動方案，並不是真正的解方，或許是方案太過籠統、邏輯與分工不夠清楚所致。此時，須再往前思考 Clarification 是否並未釐清問題現況、資訊掌握不足或偏頗；甚至必須思考，一開始定義的目的與方向，會不會就是錯的。

TCA 四步驟也能幫助主管與部屬（工作團隊）對話時，邏輯清楚、條理分明，讓大家的對話更容易聚焦，也藉此鼓勵同仁參與、發展同仁的能力、釐清同仁的盲點，以及協助同仁解決績效問題、達成目標並獲得成就感，甚至進一步幫助下次的任務安排，形成一個正向的高績效循環！

(1) Target 目標／期待

「Target 目標／期待」是主管與部屬會談前，必須事先思考與準備的內容！設定清楚的會談目標，一則在對話開始時，便能幫助雙方快速對焦；二則避免對話過程時，會有意或無意地失焦。

「目標與期待」通常是部屬尚未達到的部分，無論是目前的績效表現與期待出現落差，或者期待對方能夠進一步提升，要讓部屬聽懂且接受新目標與新期待，對於一般主管而言並不容易，特別是在進行績效改善的會談時，更讓主管充滿壓力。

一位業務主管阿強表示，部屬小明的績效表現時好時壞，喜歡的工作可以正常完成，不喜歡的事情就推託甚至擺爛；加上小明的情緒起伏較大，如果有人反映他的態度問題，他經常會用更大的情緒應對，因此多數人和他共事，只得睜一隻眼閉一隻眼。有一次阿強要找小明談績效改善時，擔心會引發小明的情緒對抗，於是開場時先讚美小明一番，對於小明行為與績效的問題，也只是點到即止，整場對話在看似平和的氛圍中度過，最後阿強鼓勵小明繼續努力，結束了這場績效改善面談。本來阿強要傳達的是改善小明的績效行為，小明卻以為主管在肯定他的表現，而造成更大的誤會！阿強疑惑的是，現在績效考核本來想幫他打 C，但小明似乎認為自己就算沒有 A，也應該是 B，這下該怎麼辦？

我告訴阿強，他和小明的對話聽起來和聊天沒有兩樣，既沒有傳達對績效表現的清楚目標，也沒有展露對績效改善的具體期待，對話過程避重就輕，共識結論不痛不癢，雖然阿強不想直接面對衝突，但卻已種下未來更大衝突的種子！

◈「目標與期待」的溝通，必須具體明確

目標大致可分為結果目標與行為期待。結果目標可以運用 SMART 原則設定，即 Specific（明確的）、

Measurable（可衡量的）、Attainable／Challenge（可達成的）、Relevant（具相關性）、Time Bound（有時間性），說明一件工作或一個專案完成後，將展現出哪些具體成果。而結果指標通常有四大類別，分別是數量（多）、效率（快）、品質（好）、成本（省）等。以本章的情境案例而言，結果目標可設定為業績達成率（數量）、報價回覆時數（效率）、提案一次過關數（品質）、差旅費控管（成本）等，因此，可就結果目標，引導阿達察覺目標與實際的落差，進而思考改善的可能性。

行為期待通常比較模糊，這也是主管經常遇到的溝通瓶頸！主管對於部屬行為的期待經常是，要努力一點、積極一點，但因這些行為期待很模糊，所以主管與部屬會出現不同的解讀，例如：主管講的努力一點，可能是遇到問題時，要提出解決方案；但部屬聽到的努力一點，卻以為應該多加班。如何才能讓行為期待具體一點，可以寫下行為定義與行為事例，與其用「努力一點、積極一點」做為期待，不如列出較為具體的做法，如「面對問題可以在第一時間提出短期解方，並能於事後分析問題成因，並提出根本解決之道」。以阿達的工作為例，行為期待可以是「開會時能掌握對方表述背後的考量、傾聽對方的動機與目的，並能善用提問技巧，以釐清並引導找出共識」，引導阿達察覺自身行為與期待的落差，並思考自我提升的可能。

當「目標與期待」更加具體明確時，主管便不需要當壞人，因為不是主管對部屬有意見，而是主管具體的目標期待，確實與部屬的績效現況有落差。所謂問題就是現況與期待的落差，當部屬清楚看見其中的落差時，他才能察覺自己遇到了問題，也才能啟動下一個步驟，亦即「Clarification 搜集資訊／釐清問題」。此時，主管才能幫助部屬看清楚問題背後的問題。

(2) Clarification 搜集資訊／釐清問題

此步驟是開啟雙向溝通的關鍵，協助部屬看見問題、分析問題、解決問題與預防再犯。畢竟離開會議室後，要執行任務、改善績效的人是部屬，所以如何引發他的參與動機、如何提升他解決問題的能力，是促使部屬對任務產生當責心態的重要環節！當對話進入到此一階段時，如果發現主管的話比部屬多，通常表示做錯了！

進入「Clarification 搜集資訊／釐清問題」的階段，

必須釐清問題。所謂的「問題」是指現況和期待有落差，當工作出現問題時，人們的正常反應是忽視、否認或者怪罪他人，此時難免會有情緒！如果當事人沒有情緒，代表他並不在意這個問題；相反地，當出現績效問題時，當事人通常會出現擔心、害怕、生氣或無奈等情緒反應。此時就很容易演變成指責與怪罪，而被指責、被檢討的人，往往不服氣、心生怨懟，最後不但沒能釐清問題，反而製造更多問題。因此，這個階段的第一要素是先做好情緒管理，才能讓資訊透明、讓問題浮現，唯有就事論事，才能解決問題！

⌖ 三大溝通關鍵技巧

因此，本階段的溝通有三大關鍵技巧——觀察、傾聽與提問，以下論述其重要原則。

1. 觀察：掌握部屬行為的客觀事實

觀察的基本原則是，看清楚部屬績效表現的「客觀具體的行為事實」，避免主觀判斷，少用形容詞！

以本章的情境案例說明，主管在描述阿達的績效表現，使用丟三落四、心不在焉、消極抵抗、眼神無力與事不關己等詞語，除了用詞主觀之外，更容易開啟溝通的衝突。當主管的溝通一開始就帶著標籤時，只會看到同仁績效問題的模糊表象，反而看不清楚客觀的事實！

如果主管對阿達的行為描述可以更加具體，掌握部屬行為的客觀事實，就能更清楚掌握部屬的問題全貌。例如，將上述案例改寫如下：

阿達進來公司已經兩年。上個月初交辦了 XX 工作給他，但他工作沒做完也沒有交接清楚，就休假三天，讓其他同事加班、幫忙收尾。今年年中考核之前，他是個很熱情的夥伴，最近兩三個禮拜發現，同事和他打招呼，大多數時候都不正眼看人，用餐時間獨來獨往，上個禮拜兩度約他一起吃午餐，最後他沒出現也沒有告知。今天早上遇到他，問他最近的業績狀況如何，他只說了兩個字：「還好。」其實阿達已經連續兩個月沒有達成業績，這個月的業績達成度也不到 30%，剩下不到半個月，還沒看到他展開任何補回績效的行為。

這樣是否更加具體？少了形容詞、少了推測與標籤，就可以減少不必要的誤解與衝突！因此，觀察的關鍵原則是「掌握客觀行為事實」，也是「Clarification 搜集資訊／釐清問題」的第一原則！

2. 傾聽：保持安靜＋自我覺察

如上所述，當人遇到問題時，難免會有情緒反應，主管必須察覺部屬的情緒，更重要的是察覺自身的情緒，所謂「先處理心情，再處理事情」，一則因為透過同理，比較容易建構對話基礎，建立彼此的信任關係；二則有時候事情卡住，不是因為當事人不知道自己的想法或行為錯在哪，其實只是心情過不去！傾聽做得好，才能避免讓「同理心」變成「捅你心」！當然，同理不等於同意，我們可以同理對方的情緒，但不等於同意對方的觀念或行為。

要練就傾聽的功力，有兩個小撇步：第一是先保持安靜，因為當你想開口解釋甚至回擊時，耳朵其實已經閉上，此時聽到的都是對方的缺點與盲點，滿腦子盡想著如何堵住對方而已；第二，可以先從自我覺察做起，察覺自己的情緒，並能疏理且管理情緒，當主管提升自身的反思與自我覺察能力時，比較不會被情緒牽制，也可以更輕鬆地傾聽他人！用阿達的案例來看，或許他真實的心聲如下：

我叫阿達，進公司已經兩年。最近媽媽的身體不太好，退化性關節炎的症狀似乎加重，醫生說活動不要太劇烈，但老人家還是需要陪伴與適當活動。所以工作家庭兩頭忙碌。工作上的交際餐會，我真的沒心情參加，就算去也心不在焉，所以乾脆比較少出席。上月初老闆把 XX 工作交給我，雖然我最近已經計畫要陪媽媽去環島，不過我還是硬著頭皮把工作接下來，後來實在忙不過來，只好拜託同事幫忙，我將相關文件及 email 整理給同事。我一直都很認真，工作加班都沒有怨言，但也因此疏忽了對家裡的照顧。雖然最近兩個月的績效沒達成，不過相信主管應該能夠體諒吧，希望他可以暫時幫我抽掉一些專案任務，要不然我真的太累了。

當主管善用傾聽的原則與技巧時，就會知道阿達其實非常掛心母親的身體，也因此陷入了工作與家庭的兩難，遇到了時間管理與專案控管的困境，此時亟需主管的同理與協助，提供相關的資源與支持，而不是單純的審核績效進度。如此才能真正幫助阿達，保持工作與生活的平衡，也能激發阿達下一步的動力！

3. 提問：多用開放式問句，保持傾聽的意圖

關於提問技巧，要特別留意的是——多用開放式問句，少用封閉式問句。封閉式問句，通常用於確認與對焦，類似是非題與選擇題，因此答案範圍通常比較受限，比較沒有辦法多聽對方說一些，單靠封閉式問句，雙方的對話很容易出現句點。例如：當你事情做不完時，會不會留下來加班？對方也只能回覆「是或不是」，然後對話就斷掉了！因此建議多使用開放式問題，類似問答與申論，沒有固定或標準答案，也能幫助提問者較易掌握回答方的邏輯與見解。提問時要保持傾聽的意圖，如果你沒有打算仔細聆聽，或有意無意地篩選式傾聽，就會變成預設立場的提問。當你的問題自帶答案時，對方很快便會察覺，將使提問引導的效果大打折扣。

提問可分為「搜集資訊」、「引導反思」與「促進改善」三種層次。「搜集資訊」指的是透過提問技巧以察覺問題，包含搜集事件全貌、掌握現況狀態，以及釐清前因後果；「引導反思」則指透過提問技巧以分析問題，引導對方進行觀察與反思，而產出新的洞見與建議；「促進

改善」是透過提問技巧以解決問題，引導對方列出具體的行動方案，也因此可以連結到下一個步驟「Agreement解決方案／共識承諾」。

提問可以幫助部屬釐清問題、找到問題背後的原因、提出問題的解決方案。由於是部屬自行找到方案，因此他會對於這些方案具備承諾度，當後續的確產生改善與績效提升時，部屬會有成就感，下次遇到類似問題，他已經擁有更穩健的能力，即使遇到更大挑戰，他也能自我引導反思，發展出當責心態，自己解決問題！

再用阿達的案例討論，或許主管可以透過提問，以引導阿達思考，如何達到工作與家庭的平衡，例如：

（1）目前安排哪些工作？各專案的進度如何？

（2）短期內因為照顧母親的關係，該如何兼顧工作與生活？哪些地方需要主管支持？

（3）目前的績效目標落後，接下來一個月必須趕工抓回進度，如何規劃手邊的工作順序？

（4）短期內需要主管或部門提供哪些協助？

主管可以透過問題，引導部屬看清問題現況，進而

反思解決方案，並產出接下來的行動計畫。即使部屬遇到困境，都知道主管會從旁協助，也會學到當責的思維，不會將私人因素變成績效困境的藉口！

(3) Agreement 解決方案／共識承諾

此步驟進一步引導或教導部屬，找出解決問題的方案，特別是當部屬透過主管的引導，而自行找出解決方案時，可以協助部屬發展能力，幫助他從依賴變獨立，強化部屬的參與度與承諾度，進一步提升部屬的自尊與自信。

因此，Agreement 是 TCA 溝通四步驟最關鍵的階段，一開始主管可能會多花些溝通與引導的時間，長久看來，如果能夠培養一位獨立自主的工作夥伴，主管才能真正輕鬆授權；相反地，許多主管有意或無意地干涉太多，或不知道如何引導部屬去思考與解決問題，造成部屬只會反映問題，卻不會解決問題，我稱之為部屬的「反授權」。或許短期內可以更快地解決問題（畢竟主管的經驗相對豐富），但長久看來，部屬將變得被動，成長性也會受限！

本階段的溝通技巧，一樣會大量使用提問技巧，也就是「搜集資訊」、「引導反思」與「促進改善」。一個好的提問，除了帶來反思，更重要的是引導產出進一步的行動，讓部屬將「知道」轉化為「做到」。

一個好的解決方案，可以用一句話來形容：Who do What by When。要清楚定義行動的當責者是「誰」，最終產出的結果是「什麼」，預計在「何時」前完成。這樣的行動計畫才會具體明確，並檢核行動方案都執行完成時，是否可以達到原本設定的「Target 目標／期待」，避免瞎忙一場！

⊕ 設計解決方案的關鍵思維

解決方案的設計原則，包含以下幾種關鍵思維：

- 目標設定是否符合 SMART 原則？
- 要成功達成目標，需要展開哪些次級目標？每個次級目標（Deliverables）是否 SMART ？
- 當次級目標都做完後，是否代表總目標已達成？
- 完成次級目標的優先順序為何？
- 有沒有考量風險／不確定性的因素？瓶頸可能會有哪些？

- 哪些工作是可控的？哪些則是不可控（需要透過他人）的？
- 需要哪些資源？（Man, Money, Machine, Material……）
- 這些 Solutions 怎麼想出來的？合理性？有效性？避免憑感覺、靠運氣！
- 新目標很難只用舊方法達成，必須要有新策略！

許多部屬會用舊方法，企圖達成新目標／期待，但成功的機率無異於緣木求魚！試想，主管會找部屬探討績效改善的議題，一則表示部屬過去的績效表現不夠好，二則可能主管要賦予部屬更高的目標期待。如果部屬過去績效表現不好的情形，抑或主管賦予的專案與任務，是部屬沒有做過的，甚至高過部屬的能力與經驗，都沒有透過「Clarification 搜集資訊／釐清問題」找出原因，也沒有幫助部屬展開具體有效的行動方案，只是提醒部屬要加油、要努力，然後再重申一次目標與期待，你覺得部屬之後能達成新目標與新期待的機率有多高？

實務上，看到許多主管抱怨部屬無法準時完成工作，經常是在任務時間截止或超限的時候，才發現進度不如預期，後續要花更多時間補救，甚至讓其他同仁幫忙擦屁股。這樣的狀況通常肇因於初期的規劃太模糊，沒能在一開始就把行動展開為具體的 Who do What by When，以至於主管一廂情願相信，所交派的任務可以水到渠成，沒能在第一時間發現部屬面對問題的規劃能力不足，更沒有在日常管理中發現執行的方向錯誤或進度落後，形同讓部屬自生自滅。此外，也沒有藉由擬定改善計畫，讓部屬學習新態度與新技巧，沒有讓部屬擁有達成任務的成就感，便會讓績效改善的成效事倍功半！

有時也會看到許多主管抱怨部屬不夠當責，經常「說一動作一動」，除了不準時完成工作，工作的品質也令人擔心！造成如此狀況的原因之一，乃因「Agreement 解決方案」經常是主管想出來的，員工只是執行者而非規劃者，當然就只能說一動作一動。因此再次提醒，「Agreement 解決方案」最好由部屬自行思考而得，才容易對該方案展現承諾；而主管則要多用傾聽與提問技巧，少用上對下說教的方式，才能促進部屬當責，產生良性循環，落實授權管理！

(4) Action 行動展開／進度掌控

與部屬溝通完成「Agreement 解決方案／共識承諾」時，日後是否就會一路順風、達成目標？或像童話故事的結局，王子與公主從此過著幸福快樂的日子？當然不可能！更多的可能是，與部屬對於後續的績效改善行動產出共識後，隔天一開始執行就跑偏了，或者就卡關了。如果沒有搭配日常觀察與管理，很容易會出現計劃趕不上變化，行動方案人算不如天算的錯誤！

因此，當規劃「解決方案」後，可以要求部屬搭配「週報」，做為日常管理與進度回報的機制。週報的格式可以分為兩大部分：第一部分記錄本週的工作進度，一則即時回報進度給主管，二則做為自我檢視進度的有效性；第二部分規劃下週預計的工作進度，並將工作進度填入行事曆，落實時間管理，先做「重要」的事！

然而，如果部屬與主管對於產出的「Agreement 解決方案」，具有高度的共識與承諾，部屬也能定期回報進度，是否就能一帆風順？主管就能放牛吃草？成效就能水到渠成？其實也不盡然！

⊕幫助部屬學習，培養當責人才

在「Action 行動展開／進度掌控」的工作階段，有一個非常關鍵的思維，主管不只得督促部屬完成任務，更要藉由觀察部屬展開行動的過程，而進一步觀察部屬的行為表現，適時提供資源並移除障礙，即時給予回饋與督導。因為主管在這個階段的關鍵任務為——培養人才，只有幫助部屬在行動中學習，才能真正將部屬養成獨當一面的當責人才！

如果只是幫助部屬找出「Agreement 解決方案」，然後督導進度、達成目標，主管的角色就太過偏重於「事情」的面向，太過績效導向，這樣會不夠平衡！

主管必須從人才發展的角度，從「人」的面向切入，給予適時的支持與鼓勵，從行動中看見部屬的優勢、察覺部屬的盲點、陪伴部屬成長！如果只是設定目標、展開行動、控管進度與考核獎懲，便猶如機器人一般，未來透過 AI、大數據或雲端等科技就能做到，又何須主管的角色？愈是科技的時代，愈需要人的溫度，因此，除了留意理性地推動任務，主管更要著重感性的支持與適時的激勵！

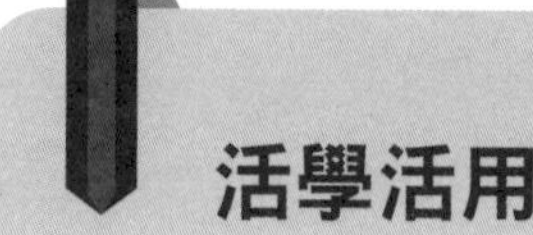

問題思考

當你遇到同仁自我感覺良好時，該如何設定清楚的行為期待？如何督導其改善行為？

狀況解析

經常遇到主管詢問，同仁績效表現差強人意，指出問題對方不但聽不進去，還覺得自己做得不錯，都是主管在刁難他。

首先，指出一個人的行為問題，不一定能為對方所理解與接受，因為主觀性是人之常情，就像你認為對方好像有點胖，由於每個人對胖的定義不太一樣，當對方不覺得自己胖，或不承認自己胖，或不想跟你討論自己有多胖，此時就很難與其溝通。反過來說，如果讓對方清楚身為一名運動員，體脂率最好低於 20%，而他目前的體脂率是 40%，針對目標探討如何改善，便可避免不必要的誤解與衝突。同樣地，主管對於部屬的工作目標與行為期待，必須具體溝通，方可清楚對焦，例如：工作目標為「新客戶的業績占比提升 10%」，行為期待為「看到問題時，能立即採取減損行動、提出解決方案，並回報問題解決進度」，才能讓部屬清楚目標是什麼，而這正是 TCA 四步驟的「Target 目標與期待」的重要性！

再者，以「自我感覺良好」這類形容詞，描述部屬的工作表現，顯得太過主觀，應避免使用。接下來的「Clarification 搜集資訊／釐清問題」，可以多運用傾聽與提問技巧，例如：新客戶的業績占比要提升 10%，原本年初設定「第一季要做到新客戶 100 萬業績」的目標，目前只做到 80 萬，第二季必須補回 120 萬，主管可先了解，部屬過去這段時間的策略為何？目前遇到的最大挑戰為何？當部屬知道業績落後時，提出哪些因應方式？又將如何調整第二季的策略？不用強調對方是否自我感覺良好，針對目標期待與績效現況的落差進行對話，並產出新的行動方案，進而解決問題即可！這就是「Clarification 搜集資訊／釐清問題」與「Agreement 解決方案／共識承諾」的執行方式。

唯獨在邁入「Action 行動展開／進度掌控」的階段時，因為部屬過去已出現延遲的狀況，可能在接下來的行動過程中，仍舊會遇到困擾，所以，此階段可以縮短回報的期間，更即時地了解工作進度，才能在第一時間解決問題、達成目標，避免同樣的問題再犯。當主管能落實日常管理，下次就沒有理由再抱怨對方「自我感覺良好」!

運用前面學到的 TCA 步驟，以及相關的溝通原則與技巧輔導部屬，紮穩人才發展的基礎功，讓每位團隊夥伴漸入佳境，主管才能倒吃甘蔗、事半功倍！

動腦想一想

Chapter 3

對症下藥：部屬指導策略

羅宇娟 *(Jan)*

管理之所以是一門藝術，乃因必須拿捏過猶不及的分寸。透過動力與能力兩個向度的交會，將產生四個區塊。針對不同區域的夥伴，給予不同的指導方式，是簡易且有效的部屬指導技術。

(1) 動力：一個人持續完成工作的動力，往往與其內在動機相關。

(2) 能力：一個人完成工作任務，所需的專業技術與工作能力。

Jack 該如何帶領新小組？

深夜 11 點，剛和小女兒通完電話的 Jack，把臉深埋在雙手中。思緒混亂的他，沮喪地看著桌上的離職申請書，不禁懷疑自己半年前所做的決定是否正確。

半年前，Jack 還在原來的單位，已有五年年資的他，是單位中的資深工程師，外號萬事通，只要同事搞不定的編程，都會找他討教。Jack 不僅樂於協助他人，帶領小組的成效也十分出色，可說是主管的得力助手。

有一天，主管告訴 Jack，公司為了未來十年的策略性布局，將設置一個新的 BU（Business Unit，事業部），以 Jack 的資歷、能力和技術，都十分符合新 BU 的主管位置，因此想先詢問他的意願，是否願意接受挑戰。Jack 認為這個職位和新 BU 的發展性，對個人的職涯十分有利，所以就答應了。

兩週後，Jack 坐在新的辦公室，帶領著六個人的小組。他十分努力地經營團隊，激勵大家達到目標，但不知道什麼原因，以前總能準時回家吃晚餐，隨著新 BU 運作的日子愈久，Jack 的工作時間也愈長。不只如此，這六個月下來，小組已經離開了三位夥伴。眼前收到的離職申請，是小組中最資深、最被信任且技術能力僅次於 Jack 的夥伴——Beck。這對 Jack 而言，就像一個炸彈，直擊他的自信心。

如果你是 Jack，該如何面對眼前的難題？

Jack決定找當初推薦他的主管商量，主管為他申請了公司的教練計畫。隔天，一位爽朗的教練Jenny走進Jack的辦公室。在短暫的自我介紹後，Jack開始述說自己現正面對的困境。團隊分崩離析影響工作進度，而工作進度延宕則加重壓力，也增加Jack和夥伴Beck的工時。在惡性循環中，Beck甚至提出了離職申請，此舉無疑又將情況推向深淵。

「我該怎麼辦？」Jack像個無助的孩子。

「在回答這個問題之前，先談談你要什麼吧？」Jenny用溫柔堅定的語調說道。

設定團隊職能藍圖

Jack和Jenny花了一點時間釐清現況，將自己的期待和對小組夥伴的要求整理清楚。當他們整理出小組成員所需具備的能力指標和技術程度後，Jack對於小組的藍圖變得十分清晰。第一次的教練會談即將接近尾聲，Jenny問了Jack最後一個問題，他帶著一貫的從容，不疾不徐地問道：「你打算如何處理Beck的離職申請？」

「我想，我可以和 Beck 談談，在我的藍圖中，他有一個十分重要的位置，我需要他成為我的夥伴。」Jack 略有所思地接著說：「我可以花時間了解他的期待和想法，並告知我正和教練一起學習，請他再給我六週時間，希望他願意等待。」

當 Jenny 邀請 Jack 總結今天的學習和收穫時，Jack 語重心長地說道：「管理人和寫程式是不同的。」他接著說：「在程式語言的世界裡，只要輸入相同的程式碼，所獲得的結果都會一樣，無論使用的設備和環境如何，都不會有影響。然而，管理卻不能用這套思維，以為用相同的方式，就能讓所有人產生你想要的結果。」

「現在明白孔子需要因材施教的原因了。」Jenny 和 Jack 在爽朗笑聲中，結束了今天的會談。經過今天的教練會談，讓 Jack 的思緒清晰不少，更重要的是他看到了團隊的藍圖，也為夥伴的職能定調。一邊整理剛剛的收穫，也一邊預備著下午和 Beck 的會談。

管理，是需要因材施教的。

認識動力能力組合

一週後，教練準時走進辦公室。短暫的寒暄之後，Jack 和 Jenny 更新進度，Beck 決定延遲離職申請，如果六週之後小組的狀況仍未改善，他就會再次提出離職申請。聽到這個好消息，身為教練的 Jenny 也鬆了一口氣。接下來，Jack 提出自己對於今日會談的期望，他已了解，以齊頭式的平等管理夥伴，並不是真正的公平，而須因材施教，讓夥伴站在適當的位置上一展長才。

「但該怎麼做？有沒有一個簡單的方式，能協助我完成管理工作？畢竟我一天沒有 48 小時，也不能放著公司的目標不管。」Jenny 笑了笑，十分贊同 Jack 的想法，並說道：「的確，管理之所以是門藝術，就是因為過猶不及的分寸是需要拿捏的。」

Jenny 在白紙畫了兩個箭頭，一個向度寫上「動力」，另一個向度寫上「能力」，並與 Jack 解釋圖形代表的意義。

(1) 動力——與內在動機相關

所謂的動力，指的是一個人持續完成工作的動力，往往和他的內在動機有關。

當一個人選擇在這家公司工作，並持續照著公司的遊戲規則走，他的內心會有驅使其持續前行的動力，無論是內在對自我的期許、對自我實現的想望，以及外在的社會認同、對獲得報酬的期待，甚至是自身價值觀的實踐等。只要是影響工作行為之激發、導向及持久的因子，都屬於個人工作動力的來源。簡單來說就是：「他為什麼在此工作？」

許多學術理論回答了這個問題，列舉如下：

- **X 理論：**人工作是為了金錢或物質利益，而且常常被外來的刺激所影響。有人會因為高薪而跳槽到其他公司，就是典型的例子。
- **Y 理論**：人是負責任的，也擁有想做好工作的內在驅力，並且希望能夠發揮創造力，因此，營造工作的環境和氛圍，讓員工自由發揮創意，就能讓他們充滿工作動力。例如，大型跨國網路公司，在公司設置零食吧，累了能和同事一起玩遊戲，就是基於這種理論發展出來的作為。

- **V 理論：**個人工作是為了實現自我的價值，人願意為了實踐且證明自我價值觀而努力。例如，NPO（Nonprofit Organization，非營利組織）工作夥伴的薪資通常不高，但他們相信，自己在實踐並維護社會公義或環境正義。
- **Z 理論：**當個人的價值觀和組織目標一致時，個人的工作動力、工作士氣，以及對公司的忠誠度、認同都是最高的，這是一種非常理想的狀態。

上述理論沒有一個是絕對的，僅說明人願意持續在一間公司工作，會有許多不同面向的考量及期待。無論從哪一個角度切入，最終我們可以藉由人的基本需求，察覺人為什麼想工作？又抱持什麼期待？

⊕ 馬斯洛的需求層次理論

談到人的基本需求，就不能不提亞伯拉罕・馬斯洛（Abraham Harold Maslow）的需求層次理論。該理論出自於 1943 年馬斯洛《心理學評論》的論文〈人類動機的理論〉（A Theory of Human Motivation），當中提及人的需求會以層次的方式呈現（見圖 3-1）：

圖3-1 馬斯洛的需求層次理論

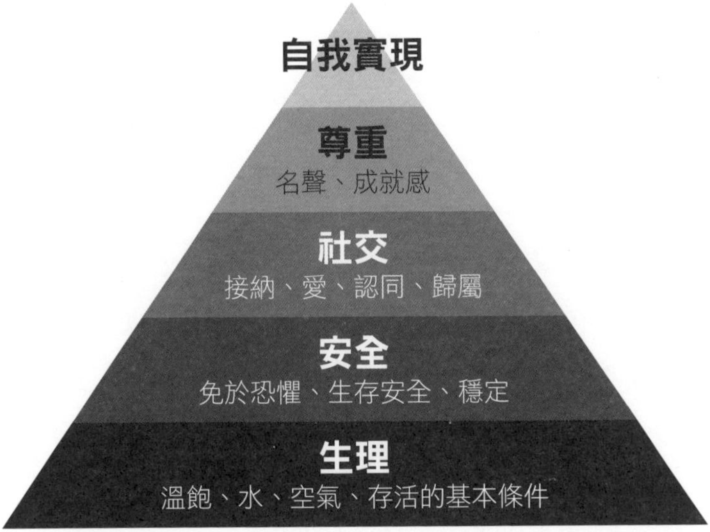

自我實現

尊重
名聲、成就感

社交
接納、愛、認同、歸屬

安全
免於恐懼、生存安全、穩定

生理
溫飽、水、空氣、存活的基本條件

1. 基本需求

最底層的兩個需求，即生理需求、安全需求，也是人類生存的基本需要。唯有滿足基本需求之後，人們才有餘力思考其他的需求。以工作動力的角度而言，便如同 X 理論強調，工作報酬及物質利益是否符合個體的期待，並促使員工產生足夠的工作動力，持續留任且將工作做好。

2. 心理需求

也稱為社會性的需求，當個體的生存需要被照顧到沒有生存危機時，人會期待在團體中與人連結，以及被他人接納、認同甚至被尊重，並從中獲得成就感。就工作動力的角度來說，在團隊中一起工作，被團隊接納認同，會讓個體的需求在工作中獲得滿足，進而提升工作的投入程度及工作動力。

3. 自我實現需求

當前面的四個層次都被滿足之後，人會產生證明自己價值的動力。因此，會努力實現自己的價值、信念，或者嘗試追求自己的極限，發揮潛能。

總而言之，驅動每一個人對工作投入的動力不同，相關研究指出，只有四分之一的人，天生會被實現目標的想法驅動，四分之三的人則需要其他的驅動力，協助他們達到所設定的目標。因此，了解員工的工作動力，並分辨現階段公司的措施、工作團隊的氛圍或主管的管理方式及其他因子，對員工工作動力的提升，是否有加分作用，也透過探詢，了解員工在動力向度的定位狀態，協助主管選擇適切的管理方式。

(2) 能力——專業技術與工作能力

所謂的能力，是指一個人完成工作任務，所需的專業技術與工作能力，舉凡專業技巧、溝通能力、自我管理、時間安排，以及其他有助工作目標達成的能力，都屬於這個向度的評估範圍。

透過兩個向度的交會，可以產生四個區塊，分別是「動力強／能力強」、「動力強／能力弱」、「動力弱／能力強」，以及「動力弱／能力弱」。針對不同區域的夥伴，給予不同的指導方式，是簡易且有效的部屬指導技術。

⌖ 盤點團隊現況

Jack 看著圖一面回想著 Jenny 的說明，幾分鐘之後，Jenny 對 Jack 提出邀請：「我們花一點時間，盤點你的團隊成員吧。」Jenny 接著又說，「針對達成團隊目標的面向，你覺得這六位夥伴分別處在哪個位置呢？」

Jack 仔細思索，在白紙上寫著：

Beck

◎ 3 年資歷，經驗豐富技術純熟，是可以倚重的人才。——【能力強】
◎ 剛開始到小組時，看得到他的熱情，總是樂意提供建議和想法。對於自己的能力很有自信，期待自己能更上一層樓。——【動力強】

Jenny 看著 Jack 的筆記，好奇地詢問：「看起來 Beck 很適合待在這個小組，但為什麼一週前他提離職呢？」Jack 苦笑著說：「原先他覺得在這個新的 BU 可以發展所長，並且能在自己的職涯，記上漂亮的一筆。半年下來，我們不只沒辦法提交出漂亮的成績單，且大部分的工作都在補救其他人留下的爛攤子，讓他感到無力也很無奈。

所以，他想轉職到更能發揮所長的地方。」Jenny 點了點頭表示明白，Jack 則繼續盤點工作。

Kaye

◎ 3 年資歷，技術能力頗佳，雖然不及 Beck 純熟，但仍可獨立作業。——【能力中強】
◎ 會加入新小組，是因為原單位的主任將之排除在外。身為兩名幼兒的母親，Kaye 堅持準時下班。在來到這裡之後，這個堅持依然不變，且因擔心工作沒辦法在下班前完成，所以，她常常選擇獨善其身的工作方式，工作只求安定，薪資準時入帳即可。——【動力弱】

Bob

◎ 1.5 年資歷，和 Kaye 都是被原單位排除的人。技術能力不如 Kaye，能獨立完成 80% 的工作，但需要有人複查。——【能力中】
◎ Bob 被原單位排除的原因是學習能力較差，但個人願意花時間努力學習，因原單位的工作步調快速，且沒有人願意花時間教他，導致他的工作效率低落。——【動力強】

Mark

◎ 剛進公司一個月，還在熟悉所有流程及公司文化，技術層次不足，無法獨立作業。——【能力弱】
◎ 身為新進人員，Mark 十分主動積極，對於分派的任務一律來者不拒，不懂的部分也會主動尋求協助。對他而言，多做就是多學習。——【動力弱】

Judy

◎ 和 Mark 同期進公司，還在適應組織，但因之前有一年相關工作經驗，因此在技術能力上，介於 Mark 和 Bob 之間。——【能力中弱】
◎ Judy 常掛在嘴上的一句話是：「我們以前是這樣做的。」和 Mark 不一樣的是，Judy 總是在等人分派工作，而且常常遲交，且不會主動求助或告知延遲，導致接下來的程序跟著延宕。當 Beck 試圖協助並教她如何調整時，Judy 就會使用經典名句：「我們以前都是這樣做的。」消極以對。——【動力低】

Anson

◎ 也是新人，進公司三個月，畢業後兩年在相關產業工作，有相關工作經驗，學習能力強，目前可獨立完成約 50% 的工作，錯誤率低。——【能力中】
◎ Anson 對自己的評價是「胸無大志」，喜歡大家一起工作的感覺，但對於升遷要管理他人覺得很麻煩，不想這麼累。——【動力中】

Jack 盤點完每位夥伴的動力和能力，並將他們的名字標示於矩陣圖。

Jenny 給了 Jack 一個鼓勵的微笑：「不難吧？」

Jack 點點頭：「比想像中的簡單多了，現在好像可以做些什麼，讓自己更像一名主管了。」

Jenny 爽朗地笑了：「那你想從哪一區開始？」

⊕ 讓明日之星發光

Jack 想了想：「先從 Beck 開始吧，我希望 Beck 能留在小組中，繼續擔任我的夥伴。」

這次的教練會談，隨著 Jack 完成他的行動計畫而落幕。Jack 在筆記本寫下要和 Beck 會談的重點，也寫下 Jenny 說的一句話：**教練式領導能協助明日之星找到舞台發光。**

一週之後，Jack 告訴 Jenny 好消息，Beck 和 Jack 花了 1 小時，討論 Beck 對自己和團隊的期待，Beck 明確地表示，自己期待能從新團隊中累積管理經驗，也期待自己未來有獨當一面的可能。因此，Beck 答應成為 Jack 的副手，並願意和 Jack 一起出席區域的跨部門協調月例會，分擔跨部門的溝通協調工作。因為找到發展的舞台，Beck

也決定留在新的 BU，持續和小組一起成長。

⊕ 爲熱情加上專業的地基

Beck 的決定對 Jack 來說，無疑是一劑強心針，在短暫的歡慶之後，Jenny 打算乘勝追擊：「接下來想要管理哪一區？」

Jack 遲疑許久，接下來的選擇並不容易，最後他嘆了一口氣說：「我們今天先談有動力但缺少能力的夥伴吧，至少他們有意願調整、改變。」

雖然 Bob 和 Mark 的狀況不同，但是都屬於「動力強／能力弱」的區域。有系統地教導他們，讓他們帶著熱情在專業上精進，就能往明日之星的區域靠近。

Jenny 和 Jack 盤點 Bob 和 Mark 在技術能力上的差距，接著規畫階段性目標，也就是與兩人討論，如何規畫其學習計畫。在此次教練會談結束後，Jack 找了 Beck 一起討論訓練計畫。Beck 提到，可邀 Anson 和 Judy 一起組織共學小組，一方面鼓勵大家相互分享專業知識，另一方面也可透過彼此的刺激和影響，提升學習效果。

在 Jack 公布專業學習小組計畫的隔天，Mark 就提出個人的學習計畫表，並主動出任小組召集人，和大家約定討論的時間。於是，每週一次的共學小組就這麼開始了，Jack 是小組導師與專業技術指導者，有時 Beck 也會一起參與。

Jack 在自己的筆記寫上：**指導式領導——讓熱情成為專業成長的動力。**

⌖ 有專業沒動力，可能被放錯位置

這次的教練會談隔得比較久，因為 Jenny 外訪出國一趟，再次見到 Jack 已是三週後。聽到 Jack 分享小組的進展，Jenny 感受到 Jack 的興奮，「我開始有一點當主管的感覺了。」Jack 說：「雖然並非一帆風順，但已可看到一些成長的軌跡，以及可前進的方向，感覺像是霧散開了。」

「下一步，你想管理哪一區呢？」Jenny 不改教練本色，直接切入主題。

Jack 知道愈到後來，要面對的議題愈不容易，但是身為主管，這是必須承擔的重量：「我們今天先談能力強／動力弱的夥伴吧。」

三週下來，Jack 發現 Kaye、Anson 和 Judy 並沒有每次都出席共學小組。由於小組討論時間是下班後，Kaye

無法留下參與，同時認為自己具有足夠的專業能力，所以也不需要浪費時間。Anson 偶而會參加，態度並不積極，但如果參加小組就會十分認真學習。最讓 Jack 擔心的是 Judy，即使知道自己的專業技術未達標準，但她會抗拒學習，甚至覺得小組在為難她，或將技術專業能力推得過高，好讓新進同仁難堪。

Jack 不知道該怎麼辦，無論教練式領導或直接指導，都對他們發揮不了作用。因此，Jack 想在找出「能力強／動力弱」的應對方式後，也許可以影響 Judy，讓她從沒有能力也沒有動力的區域，往其他區移動。

在 Jenny 一連串發人深省的提問和挑戰後，Jack 同意這三個人需要不同的管理方式，而自己對於動力不強的人，有著深層抗拒和不滿。然而，身為主管還是應該勇敢面對問題，所以針對他們三位，擬定了個別的行動計畫。Jenny 讚賞 Jack 的勇氣和承擔，再次打氣和加油之後，結束了當次會談。為了避免後悔與拖延，Jack 立即安排和 Kaye、Judy 及 Anson 的會談時間。

Kaye 的會談時間最早，因為她必須準時下班。在會談中，Jack 聽到 Kaye 的為難之處，身為獨立扶養兩個孩子的單親媽媽，配合孩子的行程，準時下班接送不僅責無旁貸，更是她甜蜜的負擔。對於前單位主管將她排除於團隊之外，她感到無奈和難過，因為自己的專業技術能力並不差，當主管交辦其他同事都處理不來的困難要求給她時，她很樂意地接手了。但因自己必須準時下班接小孩，且手上困難案子愈來愈多，導致工作時程延宕。幾次之後主管就給她「工作績效欠佳」的評語。因此，她學習到先保護自己，到新的 BU 之後，也用這樣的準則工作。她很希望自己能大展長才，但她需要照顧家庭也需要這份薪水，以她現在的情況，只能求 60 分而無法有更遠大的夢想。

了解這些背景後，Jack 發現 Kaye 和自己想像的不同，他原本以為 Kaye 是不想努力、只想把工作往外推的自私鬼，但她的背後其實有著沉重的負擔。Jack 謝謝 Kaye 誠實以告，也和她討論如何找到工作與家庭的平衡方式，其中包含讓 Kaye 和 Bob 組成協作工作小組，Bob 可以從 Kaye 身上學習專業技術，同時可以協助 Kaye 的時間調度。Kaye 同意每週撥一些時間，用遠距的方式參與學習小組，協助其他人在專業技術上的成長。最後，再請 Kaye 將工作分配權還給 Jack，但如果有任何困難，需直接反映讓 Jack 知悉。

至於 Anson，Jack 發現他對工作、生活的定義與想法，和自己這世代的人不同。除了對工作沒有渴望之外，樂於助人、樂於學習，覺得生活就是要對世界有貢獻，都是 Anson 的價值觀。由於 Anson 處在安全範圍內，所以，Jack 決定先讓他跟著團隊運作一段時間。

最後一位，也是讓 Jack 最頭痛的一位——Judy 即將登場。

⊕ 宜小心處理的紅區員工——動力、能力雙弱

Jack 坐在沙發區，看著 Judy 姍姍來遲。Judy 一坐下就急著解釋自己遲到的原因，因為她向 Beck 解釋，在以前的公司並非如此解決問題，不但花了很多時間，也有了很多爭執，但 Beck 並不打算聽她的，讓她覺得很受挫。

了解事情的原委之後，Jack 立即明白，Judy 和 Kaye 並不在同一個動力／能力區域。Judy 應該列在紅區，因為她的專業技術不足，但成長改變的動力也不足。為求謹慎，Jack 詢問 Judy 沒有參與學習小組的原因，Judy 理所當然地回答：「那不是給沒有經驗且能力不足的人參與嗎？我雖然是這間公司的新人，但我在之前的公司已有相關經驗。所以，我認為不用浪費時間參加。」接下來

的會談並不算愉快，而且出現更多資訊，印證了 Jack 的想法——Judy 應該列在紅區。

因此，Jack 需要使用監督的方式管理 Judy。當結束和 Judy 的初步會談之後，開始收集相關的資料，也和人資部門聯絡，了解必要文件和注意事項，詳列需要 Judy 限期改善的項目，預備在下次會談時給予指導和說明，並請 Judy 簽名。人力資源部門提到，所有改善計畫需有書面文件，並需要雙方溝通同意簽名，如對方未在期限內改善，才能進行資遣流程。看著桌上的文件，Jack 的心裡五味雜陳，真心希望這些監控型的管理方式，能協助 Judy 回到工作軌道。

管理，是一門藝術，也是一門技術。

細說動力能力矩陣

動力強弱影響員工對工作的投入程度，而能力強弱則影響員工對工作目標的達成狀況。透過動力能力矩陣的盤點，可以協助主管了解員工的定位，並依員工的狀態，給予適切的工作管理方式，以達到有效管理的綜效。

(1) 動力強／能力強——明日之星

工作動力強且能力也強的夥伴，我們姑且稱為「明日之星」，往往是主管得力的助手、值得信任的夥伴。也因此，主管花在他們身上的時間往往最少，他們最常承接困難工作，很少拒絕挑戰，甚至有些人看到主管過於勞累，而希望義氣相挺。但當他們的工作品質稍稍不如預期，看到主管的關注或將資源放在他人身上，甚至看到他人的工作比較輕鬆，卻能得到主管的讚美時，明日之星會黯然離開。這群人並不怕找不到工作，真正損失的其實是團隊和主管。

所以，記得多花一點時間培育明日之星，也別忘了給予讚賞，可用教練式的領導方式帶領他，給予適度尊重，讓他對工作擁有合宜的自主權，甚至協助他找到可發揮的舞台。

如同案例中所提及的，在 Jack 忙著四處救火的時候，理所當然地覺得 Beck 是自己可以信任的夥伴，除了讓 Beck 接手其他人無法處理的難題，但並沒有滿足 Beck 所期待的舞台和關注，再加上工作少了可以完整展示的成就，造成 Beck 留任意願降低，甚至因此萌生退意。

在 Jack 學習到動力能力矩陣後，調整了對於 Beck 的管理方式，也定期和 Beck 進行教練式領導的會談，讓 Beck 躍上更大的舞台，並讓他有機會學習管理團隊、提供建議。當 Beck 擁有發光的舞台，且具有了主管的支持，便成了 Jack 最靠得住的夥伴。

(2) 動力強／能力弱——新進同仁

剛加入新公司或新工作小組，會想要積極地展現自己，期待主管能注意到自己的表現，並和同事們相處融洽，且因一切都是嶄新的，所以對公司的制度、規範、工作流程及專業技能，都尚在探索學習的階段，所以，新進員工通常都會落在具有高昂的工作熱情，但能力尚未達到標準的區域。

此時主管可以試著用指導的方式，明確地讓夥伴了解工作內容和工作程序，甚至讓夥伴知道自己需要強化的專業技術。透過直接且明確的指導，協助夥伴快速進入狀況，跟上工作團隊的腳步，減少自行摸索，以及處在不確定情形下的不安全感。

小心！太多的不安全感會磨損熱情，導致工作動力下降。如同案例中的 Mark 和 Bob，雖然擁有成長的期待和強烈的工作動力，但因專業能力不足，導致無法獨立完成工作目標。如果能夠維持他們的工作動力，並善用這些動力，鼓勵其精進專業技術，並給予明確的指導方向，這些潛力股就有機會往明日之星的區域靠近，假以時日就有機會培育出更多明日之星。

(3) 動力弱／能力強——資深員工

這個區域中出現的名單，較多是資深員工，擁有幾年的工作歷練，在專業能力的表現上可圈可點，但往往因為一些不知名的原因或取捨，導致工作動力下降，工作表現停滯，甚至出現抗拒改變及成長的消極狀況。

此時主管可以運用輔導的方式，了解員工工作動力不足的原因。員工工作動力低落的原因，也許是因為工作內容不適合、主管錯誤的對待、工作環境不如預期，甚至對公司制度不滿或被放錯舞台等，有時則是因為個人的因素。主管應花時間了解並給予同理支持，在個人允許的範圍內給予協助。主管的支持及輔導，可協助員工排除工作干擾，並提升工作動力。

案例中的 Kaye 就是很經典的例子，Kaye 的專業能力強，由於家庭照顧的因素，讓她無法全心投入工作。當 Jack 了解 Kaye 的情況，便給予同理和支持，並協助她找到平衡家庭和工作的方法——提升工作效率，並讓 Bob 成為 Kaye 的協作夥伴，使 Kaye 可以更有彈性地運用時間。大大提升了 Kaye 的工作動力，使 Kaye 慢慢往明日之星的區域挪移。

(4) 動力弱／能力弱——不適任員工

落在這個區域的員工，在管理上必須十分小心。由於不適任的原因可能有很多種，主管必須多花時間了解其動力弱的原因，也要了解員工是否有提升工作能力的意願及能力。以下幾種情形可能造成員工動力、能力雙弱的狀況，例如：工作與個人的志趣不同、對團隊或主管的管理方式不認同，且不願意投入心力達到工作目標，或者有其他個人因素，導致動力不足，也不願花時間學習成長。

如果遇到這類員工，建議主管評估以下五點：

1. 先確認員工的動力或能力，是否有提升的意願或可能。如果兩者皆無改變的可能，則需留意後續指導流程。
2. 將所有改善計畫化為書面文件，一方面要注意限期改善，另一方面須安排階段性改善目標，並在雙方同意後簽名。
3. 依據改善文件，定期檢核改善進度。
4. 所有步驟必須合乎法律規範及要求。
5. 千萬不要意氣用事，力求好聚好散，保護公司也保護自己。

一年之後，Jenny 在一個商業場合遇到 Jack。看起來意氣風發的 Jack 告訴 Jenny，以往的 6 人小組，現在已經升格為一個 20 人的組織，並擁有獨立的辦公室，即使人數變多，他仍使用「動力能力矩陣」管理部屬。Beck、Mark 與 Kaye 目前各帶領一個工作小組，Bob 依然是 Kaye 的協作夥伴，雖然專業技能沒辦法再提升，但 Bob 的行政能力不錯，因此成為小組中的重要支援。至於 Judy 在改善計畫執行不久後，便自行提出離職申請，她承認自己喜歡有標準作業流程的工作型態，而且對於新 BU 的領域沒有熱情，經過多方考量決定離職。最有趣的發展是 Anson，他目前也帶領一個工作小組，並負責辦公室的低碳排規畫工作。當公司提出相關規畫時，Anson 是第一個主動爭取，並積極學習相關新知的員工。聽到這裡，Jenny 替 Jack 感到十分高興，但也忍不住好奇地問了一句：「介意我問你幾點下班嗎？」

Jack 帶著燦爛的笑容，驕傲地回答：「除非有特別的需要，否則我每天回家吃晚餐。」

現在，你記得動力能力矩陣了嗎？

Chapter 4

因材施教：有效領導

盧立軒 *(Estella)*

若欲達到因材施教的目標，須先理解不同的管理名詞，並於實務運用方面，進一步區分不同人才的特點，才有機會邁入以人為本的境界。

(1) 管控：注重一致性，但可能帶來限制。
(2) 指導：添加人性要素，為領導者基礎職責。
(3) 輔導：焦點為「人」，須具備人際敏感度。
(4) 教練：協助個人形塑目標、釐清現狀、高效達標。

「因材施教」的概念源自於春秋時代古人的智慧，而孔子則是最早實踐此理念的教育家。所謂「中人以上，可以語上也；中人以下，不可以語上也。」即說明依據不同的資質程度，給予不同的教導，才能有所成效。過去，因材施教多用在學校教育環境，在職場環境並未奉行。畢竟工業革命以來，將生產流程標準化、以效能最大化為主要目標的職場，有意識地屏除人員所帶來的變數，因為「因人而異」就意味著效率降低與風險增加。

是管理還是領導？

隨著時代的變遷與商業的瞬息萬變，現今的職場環境已經與過去不可同日而語。人才對於績效創造的影響力日益顯現，人才發展也成為顯學，因材施教這樣以人為本的概念，再度受到重視。現今在眾多管理領導力的討論中，因材施教被廣泛接受，甚至被認為理所當然。然而，要真正做到因材施教，在實務運用方面，需要管理者更細緻地區分不同人才的特點，否則只能做到表面工夫。

在討論因材施教的應用之前，先區分兩個管理者常用，但目的實屬不同的帽子：管理與領導。約翰・科特（John P. Kotter）在 1990 年出版的《變革的力量》（*Force For Change: How Leadership Differs from Management*）中提到，管理與良好的領導力對於企業成功都很重要，尤其是對那些在變化多端的環境中運行的複雜組織來說。但這兩者是有差別的，「管理」在 1990 年已被科特描述為「一百年前的產物」，它的出現是因應 20 世紀以來最主流的發展：眾多大型複雜組織的產生。這些組織需要透過管理，才不致於陷入混亂，甚至危及它們的生存。管理帶來秩序與一致性，方能創造讓企業得以獲利的條件，例如產品的品質。管理的內涵包括：規劃與預算、組織與人員配置、管控與問題解決。

約翰・科特認為，領導則有所不同。當企業透過管理，聚焦在維持與「不變」幾乎是同義詞的「秩序與一致性」的時候，領導卻是創造變動的。許多被視為領導者的人，他們的共通性就是創造了改變。雖然在領導的行動面，似乎有許多不同的方式，但最終都是驅動人們朝共同的方向邁進，並且激勵他們發揮力量。這樣的力量不僅能夠有效地促進績效的達成，也能引發人們更積極地克服達成績效過程中所遭遇的困難與障礙。領導的內涵相對複雜，但仍能被歸納成幾個關鍵的要點：建立方向、促進共識、激勵與啟發。

在科特的著作中，對於管理與領導的區分有精闢的解說。兩者最終目的都是為了達成績效，但顯然焦點不同。管理更重視達成短期目標的時間掌控與流程，領導則著重於大方向的策略願景，並納入風險係數、人的價值和變數。雖然兩者都涵蓋了「人」的要素，相較於領導考量了人們達成共識過程中所需的溝通、整合協調與共同承諾，管理則聚焦在工作的分配與紀律維繫。就執行層面而言，管理更強調控制與規範，領導則重視授權和激勵，允許一定程度的驚喜或錯誤。

由上可知，管理與領導並不是背道而馳的兩種概念，而是組織營運中相輔相成的關鍵要素。極端地側重某一項，並不會為組織的永續經營帶來好處。如何在多元化的職場環境中靈活地運用兩者，並萃取各自的優點，使其形成協調的局面，這就是所謂的藝術！

管控——注重一致性，但可能帶來限制

在當代管理發展的歷史進程中，管控是最早出現的概念。18 ～ 19 世紀的工業革命是一個重要的分水嶺。科學管理之父泰勒（Frederick Winslow Taylor，1856 ～ 1915）便致力於研究如何提升工廠管理效率，他認為管理人員的目的是提高勞動生產率，而高度結構化、嚴謹且非個人化的訓練及管理方式，才能實現這個結果。這也是組織中官僚體系的原型，管控的焦點不在人，而在於控制特定的過程，以確保一個相對沒有彈性空間的成果必須發生。在組織的運作中，管控會被用在以下情境：（1）與組織規範或法規相關的事項；（2）與組織核心價值或文化相關的準則；（3）達成全有全無型的組織目標（如零工安）；（4）避免重複犯相同的錯誤。

管控的焦點在於維持一致性，然而讓人執行管控的動作未必有效，反而可能帶來更多干擾，例如主觀認知造成的差異性、情緒壓力的影響，以及人為判斷誤差等。接受管控的人通常也不容易感受到正向的體驗，尤其在當代文化中，「自主性」是人們在職場中追求的主流價值

觀，管控卻會為人帶來限制、拘束，甚至不信任的感覺。但有時為了達成特定目的（如前文所述），管控仍然是必要的，因此應盡量降低不必要的干擾，將焦點集中於欲達成的目標，實務上的做法包括流程化、步驟標準化、明文規範及頒布等。最有效的管控方法，是讓人們自主管控自己，儘管實際上他們是被環境管控的，一旦成為工作習慣，組織整體在管理上的隱性成本就會有效降低，也不會造成人員太多的心理抵抗。

雖然管控通常針對過程和結果，若進一步結合第二章的指導策略，管控也會有派上用場的時候。對於績效明顯不彰、動力也低落的人員，管控可能是必要的權宜之計。透過管控，能先提高人員對於組織績效需求的認知與急迫性，進而促使人員創造成功的經驗。即便是前進一小步，對個人或團隊來說都是必要的。一來能證實個人對於組織的價值呈現，二來能對團隊其他成員傳遞明確的訊息：在組織中，缺乏貢獻（績效）的人員無法持續相安無事，必須承擔特殊待遇，以免出現「劣幣驅逐良幣」的效應。

指導——添加人性要素，為領導者基礎職責

讓我們想像一個光譜，它展現的是在管理中「人性要素」的比重。上述的管控是位於光譜的起點，也是人性要素最低的點。這是因為人基本上很難被管控，我們企圖管控的是流程與結果。當管理加入一些人性要素，就進入了「指導」的位置。指導的目的是讓人員不僅達到期望的結果，也讓個人確實地累積經驗，自此開始有了「人員發展」的概念。這樣的發展不僅對個人有益，對組織也有實質的意義。當愈多人不僅「知其然」，也「知其所以然」，組織的綜效就有機會發生。許多更進階的管理能力，例如授權、教練等，也需要從指導開始累積，逐步提高人員吸收經驗，並轉換成自己的能力，才能讓進階的管理方式發揮效用。

績效管理是從個人貢獻者到管理者，最基礎的角色職責區分，但我認為指導才是管理者於轉換角色時，在行為上所展現的第一個證明。有效指導是一種能力，就像我們在學生時代，會對老師們產生不同的評價：有些老師教得好，有些則讓人聽不懂。經驗傳承是指導的重

要目的之一，也是創造組織綜效的關鍵方法，但由於經驗是很個人化的，且受到時間、空間等各種因素影響，因此很難複製貼上。如何有系統、有邏輯地進行指導，並在過程中因應個人能力與動力的狀態、情境和任務的複雜度，進行動態調整，是管理者應該持續積累的能力。

既然指導需顧及人性要素，管理者便應透過觀察或溝通，以理解指導對象的學習方式，才能有效地讓對方理解、吸收，以及整合資訊或知識，方能收事半功倍之效。以下是不同學習型態的描述：

1. 視覺型學習者

需要看到畫面，過程和成果展現出來的樣子，才能進一步聯想如何達到那樣的結果。將步驟和流程圖像化、影片化，或直接用照片呈現 before and after 的差異，會是一個可行的方法。此外，透過色彩觸發體驗，可提高視覺學習者的興趣和投入程度。

2. 聽覺型學習者

對於聲音的記憶良好，能在聆聽的同時，將資訊轉換成可理解的意義，因此很適合以討論的方式進行學習。

如果管理者具有良好的聲音表情與說故事能力，更能強化這類學習者的吸收和轉化效率。

3. 體驗型學習者

需透過實作、身歷其境，理解資訊和知識背後的意義。最常使用的方式就是透過解決實務議題的工作坊（workshop）或情境演練，讓他們親身體驗學習過程。過程中，他們能真實地展現出自己的感受和想法，更有效地吸收與理解學習內容。如果能在體驗之前，預告或示範可能遇到的經驗，以及最終可能的結果，會使他們對學習過程有更深刻的印象。

對應第二章提到的指導策略，通常會應用在需要短期內提高工作經驗或能力的人員，包含有潛力的新手，以及初調動職務或轉換角色的人員。如果人員具備足夠的動力支持，當然會是理想的狀態，因為在建立能力的過程中，挫折失敗在所難免，而每次跌倒都可能損耗動力。因此，有效的指導也包括了時效性。如果能力提升的速度太慢，可能會進一步降低動力，此時就需要提高管控比例，回到光譜的起點。

輔導——焦點為「人」，須具備人際敏感度

還記得學生時代，學校都會設置輔導室嗎？如果你曾向輔導老師求助，可能會記得，討論的內容多半不是關於課業或升學目標，而是一些生活中困擾的事，例如家庭、感情、人際關係、情緒或壓力等。在輔導的光譜上，人性因素所占的比例更高。在職場上，若管理者運用輔導技巧，焦點多半不在「事情」而是在「人」，處理的是動力或人員狀態的議題。能力、經驗與專業只能協助管理者部分預測一個人的績效，但績效產出的過程中，還會受到許多其他因素影響，如果這些因素導致人員的狀態不佳，產出就會受到干擾。輔導所關注的焦點，是透過理解、同理和關懷等方式，來緩解這些干擾對人員造成的影響。然而在實務上，管理者運用這些技巧，通常會遇到一些困難或障礙：

1. 不知道如何處理情緒（甚至抗拒或排斥情緒）。
2. 擔心侵犯他人隱私。
3. 缺乏信任關係，對方不願透露資訊。
4. 已經表達關心和同理，但對方仍不願改變。

其實上述的困難與障礙，往往不是能力所造成的，而是管理者對於輔導目的和目標產生了誤解。如果以結果導向來衡量輔導效益，試圖找到可見的「證據」來證明輔導功效，管理者可能會失去耐心。輔導的目的是為了讓對方感受到被看見、被理解、被關心，從而增強信心、減輕不滿或委屈，讓自己更有力量往前推進。至於需要多少時間進行輔導，因人而異，因為每個人不在狀態的原因和影響因素是很多元的，每個人的情緒與壓力的承受能力也不同。此外，輔導者與被輔導者之間的關係也是一個關鍵因素。信任關係愈強，輔導成功的機會就愈高，然而，建立信任關係需要時間和努力，與羅馬一樣，不是一天造成的。

因此我們須先釐清，輔導的目標是產出溝通與同理的持續行動。這可以是一個行動目標，也可以是一個過程目標。以下是管理者能持續提升與優化輔導的方法：

1. 建立互動與溝通的管道與頻率。
2. 使用對方易於理解與接受的溝通風格進行互動。
3. 放下個人評判和主觀，以平等、尊重和同理的態度進行互動。

4. 持續鞏固甚至加強彼此關係的信任程度。
5. 當觀察到對方有進步或改變時，即使是小幅度的，也要給予即時的正向回饋。

至此你或許已經發現，要進行有效的輔導，管理者需具備一定程度的人際敏感度。如果無法察覺他人的狀態變化、情緒反應、溝通和行為模式，就不容易運用輔導的方式與他人互動。輔導是所有管理者帶領團隊或發展他人時必要的能力，因為動力是個人達成績效的關鍵因素，而且人的狀態是會變化的。即使動力狀態未必來自於職場，管理者對於動力變化的影響，不可不慎。如果忽略或用錯誤的方式應對，不僅會造成動力持續下降，更有可能導致信任破裂、擴散效應等更難轉圜的局面。

對應第三章提到的部屬培育策略，輔導更常用在能力強但動力弱的員工。我們總期望能力強的員工，能展現出符合水準的表現與價值貢獻，但在動力不足的情況下，整體績效可能比能力較弱但動力強烈的員工還不穩定。從技巧的層面來看，輔導的基礎功夫必定從觀察、聆聽與同理開始，下一章將有更多說明。然而，輔導並非單憑技巧就能達成。開放與信任的態度、尊重與理解的表現、願意持續付出時間與心力，以及真誠地互動與關懷，才是真正支持對方邁步向前的力量。

教練——協助個人形塑目標、釐清現狀、高效達標

2010 年，我初次接觸「教練」這個概念，一開始對於它的了解十分模糊，還常常和導師、顧問、諮商等名詞混淆。直到 2012 年，當時我還在業界工作，公司曾想推動教練式的管理模式，但成效不彰，大多數主管反應：教練的方式太慢了！後來我正式投入這個領域，接受專業的訓練與認證。其實，這樣的管理應用在歐美盛行已久，甚至在中國大陸比台灣還要早十年，便已將教練的觀念與技術應用於職場。教練在職場上的運用主要在於發展人才，有別於指導，教練不會直接給予答案或建議，而是透過大量的聆聽與提問，協助被教練者覺察自己的盲點、釐清真正的議題、設定清晰的目標，並運用自身原有的優勢或有意識地發展特定能力，以更快、更有效地實現成果。

教練的概念源起於運動界，出自 1974 年哈佛大學的教育學家兼網球專家提摩西 ‧ 高威（Timothy Gallwey）的著作《比賽，從心開始》（經濟新潮社，2017 年）。其中，「內心」（inner）指的是選手的內在狀態。提摩西．高威指出：「你自己腦袋裡所描繪的對手，比球網對面的那個人還要難對付。」如果教練能幫助球員消除內心的障礙，球員的表現與學習能力便會提升，甚至不需要過多技術指導。這個概念後來被運用於職場，而且愈來愈被強調，或許這與新世代成為職場主流有關。基本上，教練所做的事，就是協助個人形塑目標、釐清現狀與所面臨的挑戰，以更有效的方式，達成想要的成果。因為人會有盲點，教練的角色就是協助個人看到自己的盲點，並自主地做出有信心的選擇，持續朝著目標前進。透過教練的方式來進行領導，能促進個人具備自我覺察與自信選擇的能力，是以發展個人而非單純以達成績效為目的的領導方式。

約翰．惠特默爵士在《高績效教練》（經濟新潮社，2018 年）書中指出：要提升他人的覺察力和責任感，最好的方法就是提出有效的問題。提問的確是教練極常展現的行為之一，但不是囫圇亂問，而是需要達成獲取資訊或促進思考的目的。教練式的提問需具備以下特質：

1. 開放式的問題（問答或申論），而非封閉式的問題（選擇或是非）。
2. 中立不帶引導（因此也沒有預設的答案）。
3. 以未來的目標為導向，而非僅專注在過去發生的既定事實。

教練的方式最適合用於組織中能力強、動力也強的員工（詳見第三章）。他們本身就具有解決問題或達成目標的能力，不需要教練告訴他們答案，只需教練協助他們釐清干擾、破除盲點，就可以推進工作。動力強的影響在於他們願意改變、聽取回饋，會積極思考教練提出的問題，並自發性地做出行為或思想上的調整。反之，在缺乏動力的人身上，教練式的領導可能成效不彰。但人畢竟是動態的，身為領導者還是要持續關注並觀察人員，因應當時的情境或人員狀態的變化，以施予不同的領導模式。

以下列舉兩個實際情境，請思考你會採用何種領導方式來因應？為什麼？

如何領導新進員工盡快上手？

Mary 是今年新進的員工，擁有五年的工作經驗，但這是她第一次進入顧問產業。過去她一直待在電子業，對於跨足顧問業，抱持著既興奮又緊張、期待也怕受傷害的心情。但是，她相信以自己的學習能力，應該可以快速上手，因此在剛上班的第一個月，她每天都充滿活力。

上星期，Mary 的 mentor（按：原意為導師，在職場上多為協助新手盡快承接任務或適應工作的前輩或前手）Grace 請她處理一份文件給客戶。三天後，Grace 找她要文件，但 Mary 表示還沒做好，使得 Grace 面露不悅。Mary 立刻承諾隔天會趕給她。隔天，當她把做好的文件交給 Grace 時，Grace 看完卻立刻皺起眉頭，並表示「算了算了」然後就離開了。

後來 Mary 輾轉得知，Grace 為了在週末前把文件交給客戶，當天趕著同一份文件到半夜三點。Mary

有點驚訝，顯然她做的文件並未符合 Grace 的期待。她開始思考哪個部分出了問題，Grace 為什麼沒有當場告訴她呢？這些問題在 Mary 的腦海中轉個不停。

當天 Grace 沒有來上班，告訴 Mary 這個消息的同事，最後問了她一句：「妳不是有五年的工作經驗嗎？」Mary 一時之間不知該如何回答，只覺得自己當時的情緒糟透了。

如果你是 Grace，如何領導 Mary 才會比較有效？

情境案例 2

如何協助高潛力人才執行新任務？

Stella 是 ABC 公司行銷部門的資深經理，也是其主管 James 的熱門接班人選。Stella 很聰明、反應快、學習能力強，也擁有不同產業的歷練。自加入 ABC 公司後，一直是公司矚目的高潛力人才，甚至還有其他部門的主管曾試圖挖角她。James 從兩年前起開始重點培養 Stella，因此安排她到各部門輪調、領導專案，並協助各事業單位，向客戶推廣新產品或商業策略。他對 Stella 的表現很放心，依然給予她最大的發揮空間，兩人互動的頻率大約兩個月一次。

最近公司為 Stella 安排了一個 360 度的評鑑，這是許多經過輪調的高潛人才必經的過程。評鑑邀請了各部門與 Stella 合作過的同事評分，並進行了開放式問題的匿名回覆，James 在評鑑中看到了一些回饋，列舉如下：

Stella很聰明，但有時沒留意到，別人其實不太理解她的溝通方式，而她好像也缺乏敏感度，沒有多詢問對方一些，導致有些客戶反映她有點驕傲。

Stella很積極進取，對於工作很有熱忱，總是全心投入。然而，當她的工作優先順序，與其他人不一致時，她通常會以自己為主，而沒有事先與其他人溝通。因此，往往會衍生一些問題，需要再次討論與修正。

建議Stella多用我們的行話來與客戶對話，用我們產業的思維與邏輯來設計行銷流程。我知道Stella很努力學習產業的技術與知識，但對我們來說，她pick-up（上手）的速度可能慢了點。

如果你是James，如何協助Stella在新任務中穩定前進呢？

⌖ 案例解析：情境一

雖然 Mary 已有五年的工作經驗，但在顧問業，她就像個新人一樣。以顧問業所需的能力與經驗而言，Mary 目前的狀態顯然是不足的。如果僅用五年的工作資歷作為衡量標準，可能有失公允。Grace 作為她的 mentor，需要指導 Mary 完成一些任務，包括事前溝通期望、過程中持續跟進與回饋等。

以此案例來說，完整的指導包含以下要素：

1. **給予明確的產出目標並達成共識**（具體、可衡量、可達成、與目的相關，以及具有時效性，亦即符合SMART原則）

   在此情境中，Grace需向Mary說明一份理想文件的內容與條件，而不僅僅是讓她做完任務。這份文件的內容是為了傳遞哪些訊息給客戶？要達成什麼目的？為了達成目標，需要哪些要素（如時程表、預算項目、風險評估等）？除了「何時做完」的概念外，亦需包含「何時完成」的概念。因此，最後提交給客戶的截止日期是什麼時候？

需要預留修改的時間嗎？Grace何時會進行第一次跟進？以上內容都需要充分溝通和討論，並確保雙方對目標的理解一致。應盡早釐清目標，避免出現問題後才開始修正。

2. 闡述任務的目的與重要性

一份文件可以是例行公事的報表，也可能是影響客戶訂單的要項。由於Mary在顧問業的經驗尚淺，也許不理解這份文件的重要性、影響性與急迫性，這也是Grace應該予以指導的內容。

3. 傳遞經驗與最佳方法

對於缺乏經驗或能力尚淺的人員，一開始可能需要手把手的指導。指導的方式包括說明、示範、提供榜樣或測試等。如前所述，管理者應該了解部屬的學習方式，並給予相應的指導。如果Mary是視覺型學習者，向她展示其他學長姐寫過的模範文件，可能是最有效的方式；如果她是聽覺型學習者，則需要向她解釋步驟流程、資料邏輯等，同時讓她用筆記記錄下來；如果她是體驗型學習者，也許花些時間帶著她做一遍，才會讓她牢牢地記在心裡。

4. 過程中持續跟進與回饋

指導是事前的管理行為，但為了讓受指導者真正學習，後續的跟進與回饋也很重要。跟進的目的不僅僅是為了查看進度，更重要的是，了解對方在過程中可能遇到的困難或障礙，並及早提供支持或資源。在指導過程中，可能因認知差異或吸收程度的落差，導致執行的狀況不如預期，透過跟進也能及時介入，做必要的調整或再指導。回饋則是基於事實，表達出指導者觀察到對方做得好的地方，讓對方收到肯定與認同，同時也正向強化了管理者期望的行為，促進對方持續的動能。另外，透過建設性回饋，能讓對方了解自己需要修正、調整、強化或改變的部分。建設性回饋未必針對缺點而說，也可能是好還要更好的概念。總之，回饋就像一面鏡子，讓對方看到自己的優點，以及需要優化的地方。

5. 任務完成後的學習總結

無論成功或失敗的經驗，都有值得學習的地方。任務完成後，Grace可以和Mary一同檢視任務過程中，哪些地方是有效的？哪些地方需要改善？Mary從此經驗中獲得了哪些學習？這樣的學習還能用在哪些任務或工作裡？任務後的學習總結，對於能力較淺的部屬來說，是很重要的環節，除了確保經驗得以累積，進一步內化為能力，也讓部屬感受到經驗的價值，即便是不如預期的結果，也不會因困惑和挫敗，而降低原有的動力。

⌖ 案例解析：情境二

Stella 是公司和主管重視的潛力人才，她已經證實了自己的能力水準，也具備積極主動的態度，因此通常會是組織選擇優先並加速發展的對象。組織往往會賦予這樣的人才更具挑戰性的任務，意圖擴張對方的舒適圈，激發潛力，以達到更高的績效與成就。然而，在實務上不少見的誤區是，這些人才明明被賦予更困難的任務，卻同時也被賦予與先前任務同等的期望，管理者也沒有改變原本的管理領導模式。Stella 被派到她不熟悉的產業部門輪調，在這樣的新任務中她並不是所謂的高手或熟手，甚至比較接近新手。但 James 仍然用同樣的授權程度在領導，也不常跟進她在新任務裡的進展。殊不知對現在的 Stella 來說，應該要給予更多指導，幫助她更快速地適應新環境，並提升自己的能力。

若要有效支持 Stella 在輪調任務中穩定前進，James 應該採取以下行動：

1. 在輪調任務前充分討論新舊角色的差異

包括形式、能力需求、工作模式，以及管理領導模式上可能的改變。做好心理預期，備妥可控的支持系統或資源，甚至討論新任務可能遭遇的困難與障礙，進而超前部署，以增加新任務成功的機率。

2. 重新衡量部屬在新任務角色中的能力水準

既然進行更具挑戰性的任務，故須降低授權的程度，提供適當程度的指導，並援引其他資源，以協助部屬提升能力水準與經驗值。同時，亦須提高跟進與回饋的頻率，更不能忽略優秀人才的心理因素：他們往往不願意表現出自己的弱點，對自己要求很高，也深怕自己讓別人失望。因此，他們是最有可能遭受挫折卻悶不吭聲的人，管理者必須維持穩定地跟進與回饋，以降低他們受挫的機率，且須適時給予支持，讓部屬穩定產出，不至於因為結果不如預期而導致動力快速下降。

3. 給予中肯的回饋

即便是優秀人才也不會完美無缺。從同儕回饋中，可知Stella仍有進步和優化的空間。此外，發展人才的目的，本就是為了要讓他們承擔更大的範疇，並創造更高的績效，因此持續學習與提升是必經的過程。管理者有時會礙於優秀人才的面子，或者擔心他們收到建設性回饋會心生不滿，進而降低對組織的投入度，因此不願主動給予真實的回饋。但根據我多年的實務經驗，管理者往往低估了優秀人才能夠承受建設性回饋的程度（如果他們真的如此不堪一擊，不也代表組織錯估了他們的能力？更何況建設性回饋的目的，完全不是為了打擊或責備）。如果因為沒有及時回饋，讓Stella對自己真實的表現，出現了認知上的落差，沒有意識到改進的必要，當她真正收到了績效考核的結果，或直至問題嚴重化，才不得不被動發現時，這對Stella是否也不甚公平？

然而，就案例中所呈現的回饋而言，許多並不具體明確。即使 Stella 能理解這些回饋，也很可能不知道問題所在，以及應該如何改善，這也是實務中常見的狀況。人們大多透過感受和觀點而非事實來進行溝通（欲進一步區分事實與觀點，詳見第五章），因此，這些回饋需要更進一步釐清和具體化。例如，哪些可觀察的行為能用來具體闡述 Stella 的現況？她的現況造成了什麼影響？為什麼需要改變？如果要改善，從哪裡下手比較容易看到成果？這些都是值得進一步探索的資訊。具體、基於事實、多元角度且以發展為目的的建設性回饋，是給予組織優秀人才的珍貴禮物。如果 James 想要支持 Stella 前進並優化，就必須針對這些回饋，取得更多的事實資訊，並中肯地回饋給 Stella。

Chapter 5

弦外之音：深層傾聽

盧立軒 *(Estella)*

眾多方向一致的個別行為總結起來，會形成「行為模式」，提供管理者許多資訊，創造進一步的理解與溝通。想充分運用「行為」線索，進行更有效的管理領導，需掌握五項原則：

(1) 觀察的頻率：樣本數愈多，愈能總結出「行為模式」。
(2) 觀察的場合：創造非正式場合，透過不同面向了解員工。
(3) 觀察的角度：多元角度的觀察，能完整且客觀地呈現人的行為樣貌。
(4) 已知行為模式的變化：了解事件過程、人員感受與情緒，可提早意識到問題。
(5) 不同種類線索之間的一致性：運用多種線索，可強化資訊準確度。

資深員工 Johnson 的心聲誰人知？

Johnson 是公司業務部很資深的員工，但他可不是一開始就投入業務工作。資工系畢業的他，第一份工作是程式工程師，一度以為 IT 相關的工作，會成為自己職涯發展的主軸。直到認識現任老闆 Ethan，職涯方向才開始轉變。

某次，Ethan 和 Johnson 一起負責導入系統的專案。Ethan 的管理方式和一般專案負責人不同，總會帶著工程師一起與客戶開會，而非仰賴外部溝通。每次會議結束後，Ethan 會立刻與 Johnson 進行總結與回顧，仔細解釋剛剛晤談的邏輯與細節，包括他的策略、事前準備資料、預期客戶回應，以及下一步考量等。起初，Johnson 覺得這與他的工作無關。過了一陣子，竟也聽出了些興味，於是，Johnson 開始提出問題，Ethan 更積極地分享自己在業務上的心得與技巧，甚至向 Johnson 詢問他的建議與見解，他們愈來愈像合作夥伴，攜手攻克一些很不錯的專案。

後來，由於 Ethan 績效卓越而獲得晉升機會，立刻舉薦 Johnson 擔任他的得力助手。Johnson 沒有預料到自己會轉換到業務的角色，甚至有些懷疑自己能否勝任，但 Ethan 積極鼓勵他，不僅親自指導，也逐步讓 Johnson 在專案中擁有更多決策權，漸漸提高他在公司「專業型業務」的形象與能見度。在許多人眼裡，Ethan 與 Johnson 就像強強聯手的 power team，兩人雖是從屬關係，但許多時候也像戰友一樣，共創振奮人心的成果。由於與 Johnson 互動密切，Ethan 也習得許多工程師的知識，能與組織內大部分的工程師對談無礙。在 Ethan 的指導下，Johnson 的業務技能愈來愈熟練，績效不斷成長茁壯，甚至勝過許多一開始就從事業務的同事。Ethan 已將 Johnson 視為接班人，對他有很高的期待。

最近一年，Ethan 開始感覺 Johnson 的工作成果不夠穩定。一開始還不太以為意，因為 Johnson 總能解釋清楚。Ethan 心想，去年以來的案子比較複雜，Johnson 得與更多不同的內外部人員打交道，也難以及時向 Ethan 報告細節，基於多年的信任，Ethan 相信 Johnson 有能力調節自己的狀態，以確保最終成果如期完成。直到上星期，工程部主管 Lance 約 Ethan 開會，向他表達自己對於 Johnson 的顧慮與擔憂，過去半年，Johnson 和工程部的合作一直不順，還發生了幾次拍桌事件。工程部雖然尊重 Johnson 的年資與名聲，但最近客戶的抱怨不斷，幾個比較資淺的員工承受不了壓力，並在離職前向 Lance 提出一些「進言」，Lance 認為應向業務部提出真實的反饋。

一開始 Ethan 聽到這些消息不敢置信，但仔細想想自己的觀察，好像又不謀而合。最近與 Johnson 的互動較少，但幾次互動時，Ethan 總感覺到 Johnson 的心不在焉與疲態盡顯，多問幾句，他也總是輕描淡寫。雖然 Johnson 有幾次交出的資料和簡報品質，不符 Ethan 的期望水準，但 Johnson 總能立刻修正，以至於 Ethan 沒有意識到事態的嚴重性。這次，應該正視現實了。Ethan 決定盡快找 Johnson 聊聊，畢竟他們倆也很久沒有好好互動了，Ethan 不禁疑惑，自己這陣子是否忽略或遺漏了關鍵訊息，導致現況低於心中預期。

管理者若要扮演好自己的角色，並做出正確的決策，資訊是關鍵要素之一。然而，職場中充斥著資訊不對稱的情況，導致人與人之間存在著認知差異與理解瓶頸，也影響了信任關係與協作效能。

管理者總有看不到、不在場，或無法身歷其境的時候。即使與他人經歷同一件事情，例如開會，都可能會對所接收到的資訊，產生不同的認知與理解。因此，「溝通」一直是職場中的重要課題。

資訊對管理者的重要性

然而，人們往往將溝通的焦點，放在說什麼與不說什麼、何時說與怎麼說、說多少與說多深……卻低估「資訊接收者」的能力與狀態，對整體溝通效能造成的影響。事實上，我們接收與解讀資訊的方式，會大大影響我們傳遞與溝通資訊的方式。

另外，資訊的屬性也會影響我們的判斷。客觀的資訊有助於看清事情或問題的全貌，而主觀的資訊卻可能造成誤解或引發情緒反應。即時的資訊能夠強化決策品質，但過期的資訊則會誘使過度詮釋或預設結論。情緒更是一個長期被汙名化，實則至關重要的資訊，如果管理者善加應用，反能更有效地因應實務上的管理議題。

為獲取足夠的客觀資訊，絕對不能一直滔滔不絕地說話。除了用耳朵聽，也要用眼睛看，無論使用何種接收器，都需要用心和專注。

觀察行為，補溝通缺漏或認知差異

有句英文諺語是這麼說的：Actions speak louder than words. 意指行為的影響力往往比言語更強大。雖然溝通是職場上必要且關鍵的技能，很遺憾地，溝通並不一定能消除所有的資訊不對稱。主要是因為人未必能完整且精確地表達自己的所思所想，甚至很多時候，他們都不一定洞悉自己的所思所想，再透過原本就有局限框架的語言表達出來，難免會產生許多誤解。因此，觀察行為的其中一個目的，是補充溝通上的缺漏或認知差異。

此外，行為其實有一個更重要的實務意義。職場中的績效並非全部都能被量化，因此也造成了許多管理者的困難與障礙。許多「質化」的績效被組織或管理者所重視，但不容易被衡量。這些不易被衡量的績效指標，可以透過具體的行為形塑。例如，許多管理者都希望團隊成員能夠「主動積極」，但是，你要如何衡量一個人是否「主動積極」？如果問 10 個人對於「主動積極」的定義，可能會有 11 種不同的答案。既然如此，它就不能作為一個可衡量的標準，更遑論納入績效評估或考核範圍。

因此，我們可以透過具體的行為，形塑「主動積極」的形象，以下是一些企業對主動積極的定義與實例：

1. 在遇到問題或需有所回應時，能立即採取行動。
2. 主動提出新的想法，與他人討論、溝通。
3. 不待他人要求，能根據工作需要，彈性調整工作時間。
4. 當關鍵事件發生時，能及時主動向相關人員回報，使其了解情況。

由上可知，具體行為的要件，一定會有動作的描述（如討論、溝通、調整或回報），如果再加上一些情境說明（如遇到問題、不待他人要求或事件發生時），就能進一步定義此種行為應該發生的時機。如果一個人能展現出可觀察的行為，我們就可以合理地判斷，這個人「會做」而且「有做」，這是得以衡量質化績效的基礎。

將眾多方向一致的個別行為總結起來，就會形成「行為模式」，並提供管理者非常多的資訊。例如，如果一名員工每次接受新任務時，總是提出許多顧慮和擔憂，可能反映出他對風險的規避傾向，或是他對自身能力或經驗的信心不足；如果一位同事在會議中或私人溝通場合，總能暢所欲言，一到公開場合卻安靜無聲，可能反映出他在特定場景下，與他人溝通的能力差異，或是他對於與眾人溝通時的顧慮或想法。當然，這些模式背後的成因，以及需要解決的問題，都需要進一步的探索和釐清。然而，模式本身就是很重要的線索，管理者如能洞察這些線索，就有機會創造更進一步的理解與溝通。

掌握「行為」線索的五項原則

想要充分運用「行為」線索，進行更有效的管理領導，需掌握幾個原則：

(1) 觀察的頻率

欲使行為資訊具備可參考的「信效度」，需要擁有一定的「樣本數」，就像我們學習基礎統計知識一樣。僅憑單一事件論斷或概括一個人的總體表現，既不切實際也不公平。觀察的頻率愈高，亦即樣本數愈多，就愈能總結出具參考價值的「行為模式」。

(2) 觀察的場合

每個人都有不同的面向，會在不同的場合中有意識或無意識地展現出來。一個人在工作中的表現，可能與私底下相差甚大，但這些都是個人的一部分，都是有價值的資訊。因此，許多企業喜歡創造非正式的場合，例如 team building（團隊建設）、outing（戶外活動），以及邀請家人和朋友參加的週末活動等，從不同面向更完整地了解員工，避免以偏概全或助長無意識的偏見，同時符合現今強調 DEI（Diversity, Equity, and Inclusion，多元性、平等性與兼容性）的全球趨勢。

(3) 觀察的角度

在不同的角色或任務中，每個人會展現出不同的行為，這與他們想要達成的目標及背後的目的有關。從他人的角度觀察行為時，也加入了「關係」的變異係數。例如：主管看部屬和部屬看主管的標準就是不一樣；同部門的同事熟悉度，可能比跨部門來得高，但也可能因為期待更高，所以標準更嚴苛等。若要較完整且客觀地呈現一個人的總體行為樣貌，多元角度的觀察仍是必要的，有些企業便因此進行 360 度的評鑑，畢竟只從主管的觀點評估一個人的行為，難免有失偏頗。如果加上部屬、同事和跨單位的同事，甚至外部夥伴（如客戶或廠商）的觀點，相對地就提高了客觀性。

(4) 已知行為模式的變化

這是管理者特別需要留意的項目。雖然模式的變化應該相對容易察覺，但實務上觀察到的現象似乎不是這樣。例如，部屬原本很活躍熱情，近來卻安靜許多；本來都會參與部門的活動，最近卻說有事不去了；或是過往交給他很放心的事，最近卻頻頻出些小錯，讓人感到不太安心；以前很重視細節，最近總是省略一些步驟。雖然這些變化也可能是單一事件，未必代表行為模式的改變，但若稍加留意，多了解事件的緣由與過程，人員的感受與情緒，也很可能是讓相關利益人提早意識到問題發生的重要線索。就算沒有大礙，透過關心、探問與溝通，也能提升彼此之間的關係和理解，可謂有益無害。

(5) 不同種類線索之間的一致性

除了語言以外，溝通時還有許多可以透露資訊的線索，例如聲音、表情、肢體語言等。當這些線索與語言的方向一致，便可強化該資訊的準確度，反之，則需要更多的探查與釐清。例如，當部屬告訴你，他承接這個任務沒有問題，但聲音卻很微小，回應時也沒有看著你，這樣的線索可能顯現他其實不太有把握；或在績效面談時，你將考核結果告訴部屬，雖然他說自己理解，但同時雙臂交叉在前，往後坐在椅子最深處的地方，這種不一致可能暗示他對考核結果並非真心認同。這些不同種類線索之間的不一致，往往可以作為進一步溝通的啟動點，或者需要更多的行為觀察（可參考「1. 觀察的頻率」樣本數之概念），才能確定真實的資訊。

積極聆聽的重要性

積極聆聽在英文中稱為 Active Listening，也被稱為「主動」聆聽。然而，坊間許多在談積極聆聽的素材，往往更注重聆聽時的行為、動作（act）。例如，你可能讀過書籍或聽過老師講解，積極聆聽包括與對方眼神接觸、坐在適當的位置與距離、不打斷對方談話，以及在過程中傳遞正向回應的訊號，諸如點頭微笑或發出「嗯」等聲音。這些行為的確能讓對方感受到「你正在聆聽」。但是僅具備這些行為，並不代表你擁有良好的聆聽能力。

我在管理領導或職能相關的企業課程中，也常提到聆聽的重要性。但在說明何謂聆聽能力前，我會先詢問現場的主管學員們，如何衡量聆聽的能力？許多學員會告訴我，就是有沒有聽懂對方所說的話；能否恰當地回應對方；是否提出重要問題等。更多學員會提到，能否聽出對方說話背後的意思，尤其是話中有話的部分。

這些行為雖然能夠產生正向的效果，但它們並不是聆聽本身所涉及的行為，而是聆聽「之後」的行動。那麼，該如何衡量聆聽的能力呢？每當問起這個問題，現場學員就會若有所思地點點頭，但往往無法給出具體答案。在溝通過程中，我們透過聆聽來接收資訊。然而，資訊是有不同種類的。不同種類的資訊，代表的意義不盡相同，更重要的是，我們因應這些資訊的方式也會不同。因此，我將聆聽能力定義為「清楚區分資訊種類的能力」。

溝通傳遞的資訊種類

在溝通中所傳遞的資訊種類，可分為以下三種：

◆ 事實：人事時地物等客觀要素建構的資訊

基於實際發生的事情，包括人、事、時、地、物等客觀要素，所建構的資訊。例如：我昨天下午 3 點在辦公室茶水間遇到 Lisa，我看到她在 5 分鐘內，一直低頭看著手中的咖啡杯；主管今天早上找我討論最近剛調整的報帳流程，因為在推動新流程的時候，得到了許多反饋；

老公上週五下班回家後，直接走進書房，過了 3 小時才出來吃宵夜等。

⊕ 感受：用耳聽、用眼看、用心感知獲得的資訊

人在進行語言溝通的時候，很可能也會夾帶著感受的溝通，我們可藉由對方使用的字眼進行判斷，但許多感受並非透過語言來表達。尤其我們通常不會直接說出：「嘿，我現在對你很生氣喔！」或「此刻我心裡感到很難過」等，而是透過表情、語氣及肢體語言來表達感受。所以，當一個人睜大了眼睛，並張大嘴巴時，可能表達出他的驚訝；當他說話的聲量愈來愈大、速度愈來愈快時，可能表示他現在很激動，或有其他強烈的情緒；當一個人簡報的聲音微小、眼睛沒有看著聽眾、手指在身邊繞來繞去……可能表示他很緊張，或對這些內容不太有自信等。因此，要判斷感受的資訊，除了用耳朵聽，還要用眼睛看、用心感知，才不至於漏掉這些非語言形式表達的情緒與感受。

⊕ 觀點：個人主觀解讀與詮釋而形成的資訊

相較於事實而言，觀點是透過個人主觀的解讀與詮釋而形成的資訊。因此，面對同一個客觀事件，每個人可能表達出不同的觀點。例如，攝氏 30 度的氣溫，有人覺得熱昏了，有人覺得很舒服；當老闆給予建設性回饋時，有人覺得自己被批評了，有人覺得學到了新東西。此處將前述「事實」中列舉的例子，改用觀點的方式來寫，更能感受到其間的差異：

例 I

- 事實：我昨天下午 3 點在辦公室茶水間遇到 Lisa，我看到她在 5 分鐘內，一直低頭看著手中的咖啡杯。
- 觀點：我昨天下午在茶水間遇到 Lisa，她理都沒理我，不知道又在想什麼風花雪月的事情。

例 II

- 事實：主管今天早上找我討論最近剛調整的報帳流程，因為在推動新流程時，得到許多反饋。
- 觀點：主管今天早上把我叫進辦公室，希望我調整報帳流程，看來他很不滿意這個流程。

例 III

- 事實：老公上週五下班回家後，直接走進書房，過了 3 小時才出來吃宵夜。
- 觀點：老公回家後對我超冷漠，在書房裡神神祕祕了半天，才不甘不願地出來吃我準備的宵夜。

當然我有些刻意凸顯差異，但也希望藉此讓大家意識到一個真相：在溝通中，人們常常表達的是觀點，而不是純粹的事實。這是很正常的，因為我們的大腦會立即對接收到的資訊做出判斷。然而，由於這個判斷是如此自然甚至無意識地發生，我們更要有能力區分觀點與事實，才能避免溝通時落入自己一手打造的誤區。

前面提到，透過積極聆聽，可以區分出資訊的種類：是事實、感受，還是觀點？這會影響到接下來的因應方式。不過，在溝通中我們最常表達的其實是觀點：

I. 觀點：由於觀點相對主觀，無法單純用理性的指標來判斷或衡量，也很難定義好壞對錯，因此我們需要抱持多一點好奇心，多問一些問題，以進一步釐清與探索。當你聽到且判斷為「觀點」資訊時，有些很簡單的問題幾乎可以說是萬用的，例如：怎麼說呢？你剛剛說的是基於什麼原因或理由？發生了什麼事情，讓你產生這樣的想法？你可以舉例嗎？為什麼這麼說呢？……總之，在面對觀點時，盡可能獲取更多的事實資訊，才有助於聚焦溝通的方向，並促進相互理解的程度。

II. 感受：感受的資訊不適合用來判斷或分析，因為每個人的感受都是獨一無二，對當事人來說是真實的。因此，在安慰他人時，說「不要難過了，事情沒這麼糟」或「別這麼激動，這又沒什麼大不了」等話都是無效的，甚至會引發反效果。當你聽到（或觀察到）他人的感受時，應該表達同理。這與你是否認同對方的觀點無關，因為它們是獨立事件。你可以不認同對方的觀點，但仍應對他的感受表達同理。有人稱這種同理為「換位思考」，即英文中的「put yourself in someone's shoes」（試著穿上對方的鞋子），去感受如果你身處對方的角色、情境、場景或事件中，你的感受會如何？試圖理解對方的感受，而且你一定也有過類似的感受，只是未必是在面對同一類的事件。更多有關同理心的做法，將會在第六章進一步探討。

III. 事實：事實才是我們判斷與決策的最佳依據。因此，在所有為達成特定目標，或解決特定問題的溝通中，都應該致力於搜集更多的事實。不幸的是，這並不是自然而然會發生的事，因為人在溝通中往往以觀點和感受為先。當我們搜集足夠且全面的事實資訊時，便能進一步產出更多的分析與判斷，甚至解決方案和最佳做法等。

在聆聽過程中區分資訊的種類，才能更清楚地決定下一步。應該問什麼問題？是否先表達同理，讓對方情緒穩定下來？目前的事實資訊充足嗎？我該如何多搜集一些？這些都是具備積極聆聽能力的人，會思考的問題。

換位思考的迷思

前文提到，「換位思考」常常被人們誤用。你是否曾向他人傾訴自己的煩惱或困擾，得到這樣的回應：「如果我是你，我就會……」但你卻發現對方的方法並不適用自己，心中不禁想著：「那是你，我無法這麼做。」「你根本不了解我遭遇的狀況！」「哪有你說的那麼容易！」當然，我們應先具備反求諸己的態度，思考自己所溝通的資訊是否不足，或是過於偏頗，導致對方產生了認知上的落差。另一方面，這種「如果我是你」的論述之所以無用，也往往是因為誤解了換位思考的意義。

換位思考不僅僅是「位置」的轉換，還需要考慮到腦袋、心理狀態、智識程度、生活經驗，甚至特質、能力、性格、價值觀與信念等方面的轉換，才能真正理解對方的想法、感受與處境。雖然換位思考很困難，但我們仍可鍛鍊並提升這種能力。具有人際敏感度、豐富多樣的人生經驗、信任兼容態度的人，相對容易做到真正的換位思考。在這個愈來愈強調同理心的時代，如果我們想要真正運用這份「能力」，必須從開放的態度出發，豐富自己的人生經驗，並尊重他人和自己的差異。

個人特質的考量

個人特質會影響溝通的風格與邏輯，實務上，在與他人溝通的過程中，並無法完全排除個人特質所帶來的影響。例如，一個很理性且就事論事的人，可能會更傾向於溝通事實，但這也可能會導致在搜集資訊時，決策步調變緩；而急性子的人可能更傾向於分享自己的觀點，卻可能忽略了對方的理解速度或思考邏輯。同時，一個人際導向的人，可能更關注人與人之間的氛圍或關係，雖然他們對溝通的感受可能更為明顯，但正向和負向的感受都可能會被放大。此外，他們的陳述可能會缺乏一些事實。

至於聆聽的一方，也會受到個人特質的影響。根據心理學研究，人往往會選擇性聆聽與自己偏好一致、相對熟悉的資訊。在同一個場域中，理性分析的人可能會忽略感受資訊，人際導向的人可能會過度解讀感受資訊，而自信心強的人則較易聽到他人觀點與自己不一致的地方，並試圖說服或影響對方。上述舉例僅為闡述個人特質對於溝通內容、偏好、風格和邏輯等方面所帶來的影響，並不是要證明哪一種特質比較好，因為特質是沒有好壞對錯的。

無論何種溝通形式，相互理解與信任都是有助溝通的基石。當我們更了解對方的特質時，聆聽的過程中區分三種資訊的速度也會變快。基於信任，我們願意多問、多同理，以及多保持好奇心。主動了解他人和讓他人了解自己，都是每個人可努力的方向與可掌控的行為。我曾在一些企業高階主管協作的工作坊，運用一種很強大的工具，稱為「溝通說明書」。顧名思義，它就像我們購買家用電器設備時附的說明書，看完說明書就知道如何操作器具了。而分享溝通說明書的內容，可以讓他人更了解如何與你進行更有效的溝通。

運用這種工具的契機，是因為高階主管在企業中很難收到他人主動的回饋，甚至會有一種不切實際的預設，認為自己表達的意見或想法，已足以讓團隊成員了解並認同。當他們使用「溝通說明書」來梳理自己的溝通模式，並主動讓他人理解後，才發現箇中好處。相較於期待他人自動「心領神會」，不如讓別人了解自己的溝通模式，才會更有效。儘管這是高階主管的例子，但「真誠表達自己，讓他人理解」是每個人都能努力的方向。

在此，也分享一些很棒的思考題，請大家思考並寫下你的答案，主動分享給那些與你頻繁共事、常需溝通的利益關係人，就能創造更好的溝通效能。

- 能與我有效溝通的方式是 ____________________
- ____________________ 的情境下溝通，會讓我壓力爆表
- 當你看到我 __________________ 的時候，就是我正處於情緒中。此時我需要 __________________ 才能再回到溝通的狀態裡

情境案例解析

本章最後一段，我將層層拆解章節開頭的情境案例，說明 Ethan 如何運用觀察與傾聽技巧，以因應 Johnson 目前面臨的問題。

(1) 觀察行為

Ethan 觀察到 Johnson 的**行為模式發生變化**，例如：

Johnson 向來能將自己交代的事辦得妥妥貼貼，最近卻開始產出不穩定；過去從未觀察到 Johnson 出現情緒化的行為，現在卻發生了拍桌事件。另外，與 Johnson 互動時，Ethan 主動提起自己觀察到的變化，雖然 Johnson 嘴上表示沒什麼，但表情和姿態卻盡顯無力與疲憊，這是**不同種類線索之間的不一致**。Ethan 想到自己近一年忙於新案，已有一陣子沒和 Johnson 互動，導致**觀察的頻率和角度**可能都有局限，這些有限的觀察也顯示出 Ethan 與 Johnson 之間，仍存在許多資訊不對稱的部分，需要進一步溝通與理解。

(2) 積極聆聽

Ethan 約 Johnson 好好聊聊，以下是兩人對話的過程：

Ethan：「Johnson，我發現我們好久沒有好好聊聊了。這一年我們之間的互動少了很多，這是我的疏忽，以致於我大多從側面了解你的工作狀況。我總覺得缺少面對面的溝通，讓人很不安，所以想和你好好聊一下。以我們多年來共事的信任關係，你可以放心跟我說任何事情，無論如何，我的目的是協助你更順利地完成工作任務。」

Johnson：「沒關係，我知道你這一年被那大案子搞得忙翻了。我這邊還好，沒什麼大事。」

Ethan：「你在公司中擔任的角色很重要，也因此，我把許多與業務部直接合作的任務，都交給了你。上星期我聽到 Lance 說，你與和他們開會時，發生了一些不愉快的事情（事實資訊），你願意告訴我是什麼事情嗎？這樣我才能更清楚地了解如何支持你。」

Johnson：「唉！我們鬧得不愉快就是他們造成的（觀點資訊）。他們認為是業務部隨意承諾客戶，導致他們無法按時完成任務，而且還要背鍋。我認為根本是他們自己的專案優先順序沒搞好，又藉口幾個菜鳥工程師離職，人力還補不上，想要用這些理由掩蓋他們趕不上進度的事實，還把錯誤推到我這邊（觀點資訊），我當下真的很火大，就連現在跟你講起來，都還有情緒（感受資訊）。」

Ethan：「你覺得非常委屈不平，因你認為工程部沒有做到該做的事，還把責任推到你身上（表達同理）。你依據什麼而判斷他們是在找藉口呢？（由於聽到的大多是觀點，需要進一步釐清）」

Johnson：「我以前就是工程部出身的，怎麼會不了解他們在產品上會遇到的問題（觀點資訊），那一聽就知道是藉口啊！」

Ethan：「業務與工程之間難免會有不同的立場，所以這樣的協調溝通場合，對你來說也是家常便飯了。這次我覺得有點不同的地方是，以前你們也曾意見不合，你的強項是使用數據和報告資料說服他們，讓他們閉嘴（事實資訊）。為何這次處理的方式不太一樣？最近有什麼事情影響你改變作法嗎？」

Johnson：「啊……（低頭沉思）還好吧（聳肩）……（非語言感受資訊）」

Ethan：「你還記得嗎？前天我在交誼廳碰到你，我問你最近還好嗎，怎麼看起來這麼累？但你也跟今天一樣，只說『還好吧』（事實資訊）。我並不是想窺探你的私事，只是前天、今天和你互動，我都有一樣的感覺：你似乎很累，而且流露出很深的疲憊感（同理資訊），但你又說還好（事實資訊），總覺得有些違和。其實，我只是想關心你，只是想讓你知道，我是支持你的！」

Johnson：「謝謝你，在公司裡畢竟還是你比較了解我，雖然最近我們比較少交流，也逃不過你的法眼！其實是我家裡最近有些狀況，我太太今年好不容易做試管療程而成功懷孕了，之前試了很多次都失敗，因此她非常緊張，也不希望我告訴別人，擔心情況不穩。如果我晚點回家或有應酬，她會非常強烈地抱怨我不關心她和孩子，我說什麼她都不想聽（事實資訊）。可能我真的太累了，這種事也不想跟同事說太多，開會時總感覺自己的耐心被消耗殆盡，尤其是聽到疑似指責的言語，更是受不了（感受資訊）。」

Ethan：「嗯，我真的感覺到你很挫折、很無奈（表達同理）。你心裡明明有事卻說不出口，必須獨自承擔，真是辛苦了。我理解你需要一些時間與空間，處理家裡的事情，有什麼我可以幫你的嗎？」

Johnson：「如果可以的話，我希望在接下來的半年裡，能夠減少我的應酬次數。我可以在白天多拜訪一些客戶，但晚上想早點回去與家人相處。至於工程部，我會找時間和他們好好溝通，不好意思讓你擔心了。」

Ethan：「這件事我能夠處理，不用擔心。也謝謝你信任我，願意與我分享你的問題。以後我會留意要多與你互動，我最近太疏忽你了，你需要我的時候，也別客氣啊！」

Johnson：「知道了啦！（笑）我想說你這麼忙，這種事就不用吵你了，以後我會盡早讓你知道狀況的，謝謝你！」

由上述對話可知，當 Ethan 能善用觀察到的資訊，並清楚區分他所聆聽的是哪一類的資訊，就有機會適切地表達同理，且針對觀點資訊做進一步的探索與釐清，直到獲取更多事實資訊，以決定下一步行動。愈接近事實的溝通方式，愈不會讓人感受到壓力或是被評判的感覺，反而有助於更多中立資訊的傳遞，這才是真正有助於溝通的聆聽能力。

另一方面，Ethan 和 Johnson 對於彼此的理解，和過往關係中建立的信任，也對於進行挑戰性對話，有很大的助益。然而，關係是需要經營的，如果兩人疏於互動漸行漸遠，信任可不會永遠都在！

動腦想一想

Chapter 6

三種回應技巧：同理、探查與建言

林惠雯 *(Christine)*

根據不同的氣氛、場景與對象，人們對話時可能會使用多種回應技巧。「同理、探查、建言」是常見且實用的職場回應技巧，不僅能促進主管與部屬之間的互動氣氛，還能讓主管在回應的同時，一併進行工作指導或要求。

(1) 同理：先處理情緒，再處理事情。
(2) 探查：獲取更多資訊，同時引發思考。
(3) 建言：適當時機的快狠準，兼顧效率與關係。

績效面談包含哪些技巧？

質鈞在公司擔任副理，入職已有八年，正式擔任帶人主管三年多。跟大多數的主管一樣，除了日常工作之外，尚須配合公司的績效作業，進行績效面談與考核，需要投入不少心力。公司的績效管理週期是一年一次，通常在 11 ～ 12 月間進行。質鈞很認同績效管理的必要性，年底的績效面談更是主管的一項重要任務，他會根據自己的觀察、相關工作紀錄和行為案例，具體回饋給部屬，進行雙向溝通。雖然初任主管時覺得頗為挑戰，但這幾年已精進管理技巧，並累積一些經驗，照理說面對年底的績效面談，倒也不算是一件難事。然而，今年狀況不同。

部門裡的德鈺是一位資深專員，能力很好，工作態度也不錯，一直是質鈞相當倚重的左右手，質鈞也很用心培養他。但不知何故，今年下半年的工作中，德鈺常出現「主管，為什麼困難的工作都是我在做？」

「能者多勞，大概只剩過勞死」「我覺得工作分配不公平，部門有勞逸不均的情形」等抱怨。原本，質鈞預計在明年度的發展計畫中，將德鈺提報為公司的菁英養成計畫（talent program）名單，列為重點培育人才，錯過這次提名機會就要再等兩年。目 前德鈺的狀態讓質鈞有些棘手，希望透過此次的績效面談，釐清德鈺出現抱怨行為的真正原因，並尋求改善行動的共識。

如果你是質鈞，會如何處理德鈺的抱怨呢？

案例中的德鈺以往表現不差，可以推論他的專業知識或技能應該在水準之上，目前出現的發牢騷行為，應該是工作動力出了狀況。在這種情況下，若單單只為快速解決問題，在績效面談時直搗問題核心，恐怕不只達不到預期的溝通效果，還可能傷害彼此之間的人際關係。面對部屬的狀態，溝通是否有效，主管的回應至關重要。

如何帶出「全人」部屬？

布萊恩．海納（Brian E. Hiner）是美國海軍海豹部隊退役少校。在擔任海豹部隊訓練官期間，他負責海豹部隊基礎與進階訓練課程。海豹部隊的正式名稱是美國海軍三棲特戰隊（United States Navy Sea, Air and Land Teams，SEAL），是美國海軍中一支舉世聞名的特種部隊，一般稱作海豹部隊或美國海空陸三棲特戰隊。主要任務包括：非常規戰爭、國內外防禦、直接行動、反恐行動和特殊偵查等。光看這些任務的類別，就能想見工作的危險性、壓力、專業強度和身心靈素質的高規格挑戰。

正因任務艱難且不容失敗（部隊面對的是真實戰場，

失敗的代價也許是生命），布萊恩在其著作《先發制人：打造迎戰變局的高韌性海豹團隊》（麥格羅希爾，2016年）中提到，海豹部隊在訓練時，不僅鍛鍊體能和戰技，也期待能在極大壓力下，展現堅強意志、行動力、果斷、創意思考、適應力和韌性等特質，「因為我們知道，出任務、上戰場的是『一個完整的人』」。

當然，在一般職場上，我們無須面對如海豹部隊作戰現場那樣的生死交關。然而，作為團隊的領導者，我們帶領的部屬也是「一個完整的人」，而非用來達成團隊目標的工具人。身為主管或領導者，您是否期待自己帶人也帶心，讓部屬願意並能「全人」地投入工作，展現積極當責、充滿熱情的工作態度？主管適當的回應，能讓團隊夥伴感到被理解、被支持、被指導（而非指揮），對團隊會更有認同感和歸屬感，也比較願意與主管或團隊領導者討論真實想法，自然而然地就會在工作上，展現出更符合團隊價值的態度和行為，對於被交付的任務也會願意承諾並全力以赴。

根據氣氛、場景與對象的不同，在一段對話中，可能會運用多種不同的回應技巧。大多數的職場對話中，「同理、探查、建言」是常見又好用的回應技巧，能幫助主管在回應的同時，促進與部屬間的互動氣氛，引發對方思考，也一併進行工作的指導或要求。

- 「同理」以接納為出發點，緩和分享者情緒。
- 「探查」藉由詢問，獲得更多資訊或引發思考。
- 「建言」以自己的立場分析事件，並提供建議。

圖6-1 三種回應技巧

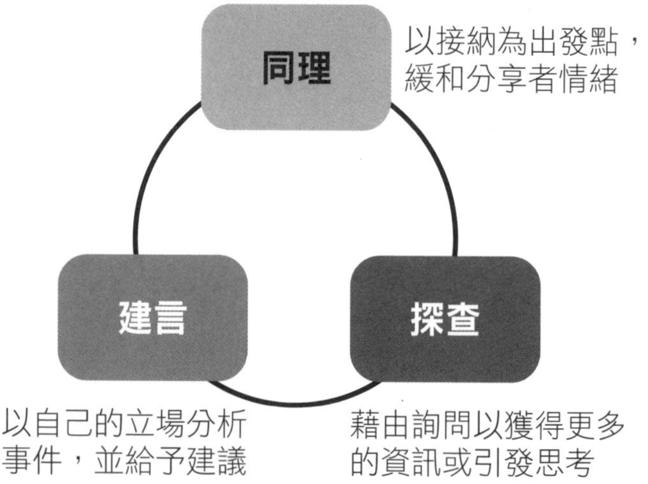

(1) 同理：先處理情緒，再處理事情

對大多數管理者而言，管理面對的最大困難點是——人。人都有情緒，適時適地的情緒表達，可以是人際互動中最有效率的觸媒。然而，如果在生活或職場中，一方帶著強烈的情緒，另一方卻沒有表現出覺察或理解該情緒的存在時，有情緒的一方往往會陷入更深層的情緒，生氣變得更憤怒、委屈變得更怨懟，並會在接下來的對話中更用力地、更直接或更暴力地傳達情緒性的訊息，只因誤以為我剛才的狀態你還沒懂我的情緒（感受），那我只好將之放大，讓你不得不回應。這是人的本性，就像小孩子有情緒（例如：哭泣）時，倘若照顧者第一時間沒有給予回應或安撫，孩子可能會愈哭愈大聲，直到獲得注意、覺察或理解，接著才有可能展開較為理性的言語對話。

「同理」和「同意」不一樣。同理是讓對方知道，你已經接收並接納他的情緒感受。但這不意味你認同他的情緒反應就等於真相，或是你與對方就問題的解決方式達成共識。同理只是回應對方的情緒感受，讓他知道你重視彼此的關係，並且在乎他這個人。至於事情的處

理方式，必須反覆運用「探查」、「建言」來抽絲剝繭，釐清雙方的認知，對齊期望值，並達成共識。

先處理情緒再處理事情，是一個常見且容易理解的道理。有趣的是，在主管培訓課程中，這卻是多數學員，在實際演練三種回應技巧時的魔王關卡。本章最後會提供一些例句，為各位進一步說明。

(2) 探查：獲取更多資訊，同時引發思考

探查，即透過提問技巧，以獲得更多資訊或引發思考。良好的提問方法，不僅能幫助我們蒐集更多與事件相關的資訊，也較有機會針對其回答，進行更深入的詢問，以發現潛在問題或更完整地瞭解的所有來龍去脈，幫助主管做出更適切的決策與判斷。同時，探查也可以幫助對話的另一方，在回答問題的同時，引發自我覺察或思考，同步達到對於人才的指導與培育。

「封閉式提問法」與「開放式提問法」，是溝通課程或書籍中常提到的基本提問技巧。封閉式提問法指的是，針對該提問回答時，答案僅限於「是或否」、「有或沒有」、「可以或不可以」之類的提問方式。一般都建議

少用封閉式提問，多使用開放式提問。其實，封閉式問句並非完全不能用，只是建議用在以下情形：（1）需逐項精準確認；（2）資訊過多，需刪減、精煉或釐清時。因為封閉式提問容易限制回答者的答案範圍，進而降低其思考與創新的機會，也容易在語意句型的框架下，限制回答者的信心，導致對話變成單向表達，難以達成雙向溝通的效果。

那麼，如何使用「開放式提問法」，問出好問題呢？結構式行為面談法，就是一種很值得推薦的技巧。

圖6-2 結構式行為面談

情境	什麼時間？地點？任務？你的角色？
行動	哪些行動？順序步驟？行為考量？
結果	得到什麼結果？其他人的反饋？

舉例來說，當主管想透過良好的提問，激發部屬在顧客導向方面的反思表現時，可以使用結構式行為面談法，以提出有效的開放式問句：

1. 情境：

- 在今年度的工作中，哪些實際事件，可以說明你在客戶服務方面的表現？
- 當時專案面臨什麼樣的情況？
- 你在這項任務中扮演的角色是什麼？
- 執行過程中，遇到了哪些困難？

2. 行動：

- 所以，你採取了什麼行動？
- 在面對這位客戶時，你說了什麼？
- 當時你的處理順序和步驟是什麼？
- 你採用這種處理方式的考量為何？

3. 結果：

- 你從哪幾位客戶，獲得什麼回饋？讓你覺得自己在客戶服務方面表現得好或不好？

- 針對客戶回饋的意見，你有哪些看法？
- 你如何評價這項專案執行的成果？
- 如果重來一次，你是否會做出不同的判斷？為什麼？

遇到狀況願意反思、主動承諾並採取行動的部屬，每位主管都喜歡。倘若「探查」的回應技巧運用得當，可以幫助主管在分派工作或績效回饋時，提升部屬的思考與舉一反三的能力，使其不再只是被動地等待主管交辦工作。一旦團隊成員開始主動思考，真正的工作認同與承諾便會萌芽，領導者的時間與精力就能用在更重要的任務，而團隊的動力也會持續提升。

(3) 建言：適當時機的快狠準，兼顧效率與關係

在職場中，問題分析與解決一向被強調為必備的能力之一，那些由於表現優異而被提拔為主管或團隊領導

者的人，通常也善於提出自己的見解或建議，因為他們必須「解決」問題。然而，「問題分析與解決」著重的是「事」，而非「人」。若急於直接解決問題，難免傷了彼此的互動感受。如果想要在對話過程中，達到溝通成果，同時又維持正向氣氛，則需避免一開始就給予建言，尤其，當溝通雙方是具有利害關係的主管與部屬時，若主管一開始就提出「建言」，部屬通常會選擇沉默或表面順服。因為主管已經開口說出指令，若部屬再提出自己的意見，常會被視為故意挑戰權威，或被解讀為不懂得上意，沒有任何加分效果，還不如不說。如此一來，主管將無從正確判斷部屬的狀態，包括身處第一線面對的實際狀況、內心的真正想法、擔憂或困擾。

「建言」的運用需考慮溝通對象和應用時機。對於資深同仁（這裡的「資深」代表的是專業能力的成熟度，倒不一定跟年資有關）而言，他們面對的問題通常較為複雜，直接提供「建言」，破解問題的核心，可能會讓他們失去思考和激發創新的機會，長期下來便會停止成長。相反地，面對工作經驗較少，專業能力待提升的新進人員或資淺同仁，多多運用「建言」的方式回饋，則可有效協助解決問題、增強信心，同時也可以完成工作教導，提升對方的專業知識或技能。除此之外，遭遇緊急情況或必須立刻糾正錯誤的時候，直接提出「建言」也是確保團隊成果、進行必要風險控管的溝通方式。只要選擇適當的對象與時機，妥善運用「建言」，便可發揮良好的回應效果。

句型演練：請你跟我這樣做

透過本章一開始的案例，可以發現德鈺近半年的工作情緒低落，這可能導致他在績效回饋面談中，使用強烈的語氣說：「主管，你為什麼總是將一些棘手的項目都丟給我？」在主管培訓課程中，我會問學員：「如果你是德鈺的主管，當下會如何回應？你的第一句話會是什麼？」

A：你不應該產生這種想法，團隊成員原本就該相互協助。

B：聽起來你覺得有些委屈，還好嗎？先喝口水，我們再好好談談。

C：你為什麼會有這樣的想法與感受？

雖說人與人的溝通沒有固定的標準答案，A、B、C 三個句子也都能與上下文連貫。但對於此時的場景，若第一時間選擇 A 回應：「你不應該有這種想法，團隊成員原本就該相互協助。」這句話看起來是正確的，但你有沒有想過，當對方聽到這樣的回應時，他的情緒會因此緩和一些或更不高興呢？你想達到的溝通效果究竟是激勵他呢？還是激怒他呢？

另一方面，若選擇以 C 回應：「你為什麼會有這樣的想法與感受？」雖然比 A 的答案緩和一些，但仍然忽略了對方的感受，而企圖直接針對「事」進行分析與討論，傳達出來的弦外之音是對「人」的輕忽與不在乎，有可能影響到後續的溝通氣氛。

至於 B 選項：「聽起來你覺得有些委屈，還好嗎？先喝口水，我們再好好談談。」這是一種表現「同理」的回應方式，也是課堂演練中，主管們覺得三種回應技巧中難度較高者，而且與平常說話的方式不同，不太習慣。究其原因，可能是在我們的教育環境中，大部分的訓練都偏向理性的邏輯推理、歸納分類，以及問題分析解決等類的訓練，較少強調在溝通時的情感交流或回應；甚至有些人會認為，在正式場合（尤其是工作場合）表露情緒感受，是不專業的行為。因此，一般人會習慣性地隱藏情緒，也相對欠缺回應他人情緒的能力。如果想要自然地在對話中，展現「同理」他人的能力，可以透過刻意練習的方式來加強。

現實生活中的溝通，我們很少會只使用一種回應方式（如果有，一定是單向布達，而非雙向溝通）。所以，在一段健康又有效的對話中，建議同時運用「同理」、「探查」和「建言」三種回應技巧。

圖6-3 三種回應技巧的運用配搭

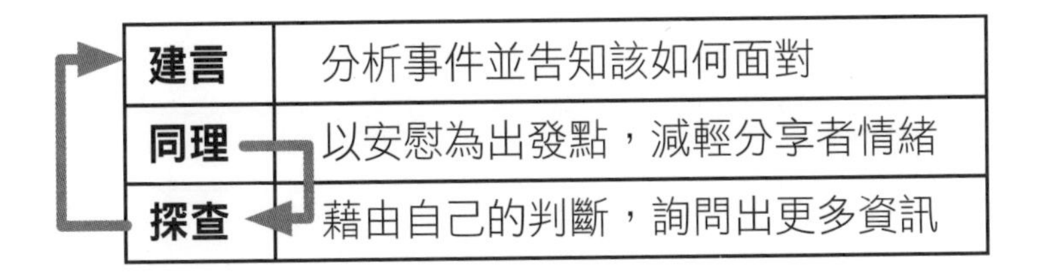

建言	分析事件並告知該如何面對
同理	以安慰為出發點，減輕分享者情緒
探查	藉由自己的判斷，詢問出更多資訊

建議順序如下：

1. 同理（緩和情緒）

2. 探查（釐清原因，蒐集更多有助判斷的資訊）

3. 建言（提出見解、提醒或明確的指示）

當然，在雙向溝通中，溝通場景隨著對話的進行而不斷轉換，三種回應技巧的配搭順序，並不是唯一的標準答案。然而，根據多年的實務經驗與企業輔導案例，這樣的回應順序安排，可適用於大部分的溝通場景，並促使對話以有效率、結構化，又顧及彼此互動氣氛的方式進行。

為了更精準地應用三種回應技巧，請針對「主管，你總是不把事項分配妥當，害我必須多分擔其他人員的工作」這個句子，以「同理」、「探查」與「建言」三種方式，試著寫下你的回應句：

建言	
同理	
探查	

完成以上練習後，請參考以下完整的示範例句：

· **主管，你總是不把事項分配妥當，害我必須多分擔其他人員的工作**

⇨ 建言：這些原本就是你該負責的，當然交給你執行。

⇨ 建言：多分派給你的工作，其實是因為認可你的能力，要給你不同類型的歷練，並多培養你解決問題的能力。

⇨ 同理：我真的太忙了，辛苦你了～

⇨ 同理：最近團隊的狀況比較多，這些工作，確實需要你多幫忙，謝謝你。

⇨ 探查：你一個人是否無法獨力完成這些工作，需要額外的協助嗎？

⇨ 探查：你覺得哪些事情是承擔其他人的工作？請你舉例說明。

Chapter 7

情境領導：恩威並濟

郭宏偉 *(Jacky)*

透過「立威」與「施恩」兩項主軸，可以區分出四種領導類型：「恩威並濟」、「恩多於威」、「威多於恩」及「風格不明」，特色大致如下：

(1) 恩威並濟：發展部屬潛力，提升組織人力資本。
(2) 恩多於威：體恤部屬，維持和諧。
(3) 威多於恩：缺乏人情味，隨時提高警覺。
(4) 風格不明：視而不見，無為而治。

任勞任怨的 Nick，如何帶出優秀團隊？

Nick 是一間房仲公司的業務，屬於新世代的年輕人，卻擁有老一輩的敬業精神。他總是任勞任怨地工作，績效表現也是名利前茅。然而，Nick 的主管非常嚴格，對於業績稍有落後的員工，總是毫不留情地批評，因此同仁們都戰戰兢兢，績效也維持在一定的成績。雖然外界稱讚該店的同仁個個驍勇善戰，能夠獨當一面，但同仁們對這樣的工作環境，卻是敢怒不敢言，並且積極爭取外調他店。無法外調的同仁，也因為大環境不景氣，不得不為五斗米折腰，表面上配合主管的要求，私下的批評聲浪卻不絕於耳。

由於 Nick 一直表現出色，因此較少受到主管的「關注」。雖然獲得了較大的自主空間，但他對主管的領導風格及處世原則，並不十分認同，且看到其他同事對這種工作環境與氛圍多所批評，心裡總想著，若有一天能夠晉升主管，一定要以該主管為戒，千萬不能學習他的領導方式，並且要打造一個眾人稱讚的工作環境，贏得夥伴們由衷的肯定與支持。

經過數年的努力，Nick 果然晉升為主管，心中一直記得自己內心的承諾，並時常提醒自己，要與夥伴們打成一片，培養革命情感，不要成為部屬私底下抱怨的對象。

因此，從 Nick 上任的第一天開始，為了彰顯自己的親民作風，他告訴同仁，可直接稱呼他的名字，取代「店長」一詞，並表示有任何需要，都可以找他幫忙。不僅如此，Nick 還會主動協助忙碌的同仁。在工作的場域中，隨時都能看到 Nick 的身影，協助部屬完成買賣方的心願，並順利達成績效目標。一有洽談的機會，Nick 總是身先士卒地穿梭在買賣方之間，帶領同仁洽談、結案。在親力親為下，Nick 所帶領的團隊不斷茁壯成長，也逐漸成為公司的常勝軍。對於能夠打造出自己心中理想的團隊，Nick 感到十分自豪。

某月底的最後一天，Nick 的團隊在公司業績競賽中，以些微的差距落居第二，但仍有兩個機會點在掌握中，只要兩個物件都能順利成交，團隊必能登上冠軍寶座。但兩個物件位於不同行政區域，且都需要在同一時間洽談。Nick 礙於分身乏術，只能選擇其中一個物件協助，另一個物件只能指派資深同仁代為協助。經過數小時的努力，Nick 協助的物件順利成交，但另一個物件卻以失敗收場。就差這個失敗的物件，Nick 團隊最終錯失了第一名的榮耀。

區督導對於這樣的結果十分惋惜，並期望 Nick 團隊能從中檢討，並找出改善方案。為此，區督導特別召開會議，除了肯定夥伴的辛勞，也邀請大家一起討論失敗的原因。由於 Nick 與同仁的關係十分良好，因此在檢討的會議上，夥伴們紛紛發表自己的見解。然而，當大家不約而同地把洽談失敗的核心原因，歸咎於「Nick 沒有參與」時，也讓 Nick 的臉色變得愈來愈沉重。同仁們認為，Nick 參與了另一案，而沒有參與此案，代表此案相對不重要；如果此案重要，Nick 應該會參與才對，既然 Nick 放棄此案，代表此案失敗應該也沒有關係。案子成交，同仁們明明可以領取業務獎金，為什麼大家仍將案件的成敗歸咎於主管？Nick 本來是協助的配角，為什麼變成了主角？同仁們是否真的不在意自己成交與否？

Nick 心中很不是滋味，為什麼大家對於專案的責任感，遠遠不及自己？為什麼大家都把成交的責任推到主管身上？門店的績效明明是大家共同的責任，怎麼會是主管一人的責任呢？難道光有革命情感，仍不足以成為一個好的團隊？

長期研究華人領導的王安智教授，曾經分析 300 多位職場領導者，發現能維持高且穩定績效的領導者，多認為自己在追求組織績效的同時，有義務協助部屬持續成長，甚至將部屬的發展視為核心職責，且列為優先事項。簡單地說，他們認為發展部屬，比把事情做對更重要。在發展部屬的同時，也提升了組織的人力資本，進而產出了高且穩定的績效表現。根據王教授的研究，這些主管都展現了「恩威並濟」的領導行為。

威權領導不利於組織管理

相對地，有些主管眼中只有目標，把部屬視為幫助自己達標的「資產或工具」，因此，不假辭色地要求、指揮、命令部屬執行自己的命令，並嚴厲指責任何落隊的人，這樣的領導類型，我們稱之為「威權領導」。

雖然「威權領導」可能為組織帶來高績效，但在一個跨文化的研究中，卻顯示它將引起許多不利組織的結果，例如降低員工對於組織的情感承諾，甚至增加員工的離職意願等。然而，在某些情況下，威權領導卻發揮了一定的效能，並繳出了亮眼的經營成績。在這些成功的案例中，主管展現立威領導行為的同時，多半伴隨著施恩的行為，將看似矛盾的兩種領導行為，完美地融合在一起。

本章開頭的案例，印證了威權領導在某些情況下，能帶來高績效，但同時也引發了同仁離職的念頭，因為這樣的環境中，往往會讓成員壓力過大。因此，Nick 心中種下了不以為然的種子，當他成為主管後，便隨時提醒自己，須避免與「威權領導」相關的行為，而偏向仁慈領導的一端，展現施恩型的領導行為，專注於打造和諧的工作氛圍。

領導者的任務應該是：(1) 追求組織績效的達成；(2) 打造和諧的工作氛圍；(3) 提升團隊成員的能力。基於我的實務經驗，如果僅專注於其中一項或缺少任何一項，組織將無法長期維持穩定的高績效。

四大領導類型

透過「立威」和「施恩」兩個主軸，可簡單區分出四種領導類型：「恩威並濟」、「恩多於威」、「威多於恩」與「風格不明」，如圖 7-1 所示：

圖7-1 四種領導類型

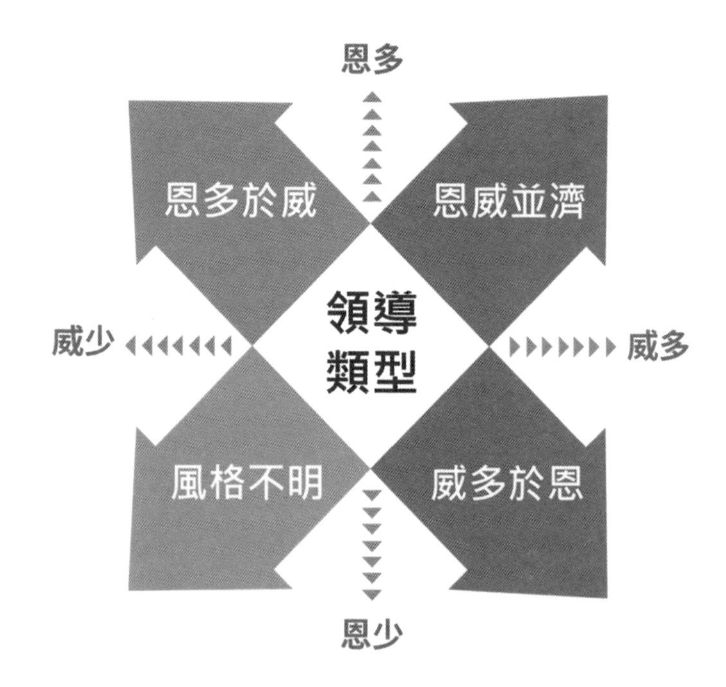

接下來將以個案為例，列舉犯錯、阻礙、挑戰與危機四種情境，並說明不同領導類型的行為，可能導致的後果。

(1) 犯錯情境

在職場上，部屬往往會測試主管的底線，也就是到底要達到什麼樣的狀況，才會被主管糾正或懲處。但若遇上「恩多於威」的主管，往往為了維持單位內的和諧，而主動幫部屬解釋犯錯的原因，或體諒部屬的處境而選擇原諒。雖然維持彼此的和諧關係，但卻可能讓部屬更進一步地往下試探，因而錯過第一時間改正的機會。

倘若遇上「威多於恩」的主管，雖能立即指出部屬的錯誤，但往往會讓部屬覺得這樣的主管缺乏人情味，必須隨時提高警覺，深怕自己一犯錯就會遭殃。然而，人非聖賢，熟能無過？因此，部屬心中會懷著對主管的畏懼，彼此只是工作上的關係，而難以培養出革命情感。

然而，「風格不明」的主管又會如何處理呢？他們可能採取視而不見、無為而治的態度，讓部屬產生無政府狀態的感覺。當然，也有可能是主管的行事風格不穩定，變來變去，時而嚴厲、時而寬鬆，反讓部屬無所適從。這類組織往往會形成劣幣驅逐良幣的狀況，對於不求上進、得過且過的部屬而言，這樣的環境正好是他們孳生的溫床；至於那些對未來發展有所期許的夥伴，則會認為當前環境使他停滯不前、難以成長，因而萌生去意。

「恩威並濟」的主管在面對部屬犯錯的第一時間，即嚴正地指出他的錯誤，並且要求立即改善；同時，他也會安慰並鼓勵部屬重新振作，給予對方再次嘗試的機會。透過這樣的方式，部屬既能知道自己的錯誤，也能從主管那兒獲得重新出發的能量。

以某房仲公司為例，由店經理帶領一家門店的同仁，服務所在商圈的住戶，責任不可謂之不大，因此在經營績效、服務品質和人才培育方面，均設有檢核指標。倘若觸及某一警訊標準，店經理必須進入人才評議會議（威），由高階主管檢視其經營狀態，並決定後續處理機制。而進入評議的店經理，除了檢討經營不善的原因，亦須提出改善計畫（威），透過評議委員的提點與鼓勵（恩），大多能獲得再一次改善分店經營的機會（恩）。透過這樣的機制，協助店經理不斷提升與優化經營管理的能力，同時也讓該房仲公司持續創造經營佳績。

(2) 阻礙情境

當部屬的成長遇到阻礙時，不同領導類型的主管，又會如何處理並導致何種結果呢？

「恩多於威」的主管不斷地給予機會，甚至投入資源協助部屬成長，但卻僅僅扮演啦啦隊的角色，只能靜靜地為他們加油，並耐心等待他們自己破繭而出的那一刻。這樣的情境看似溫馨，卻在無形中耗盡了時間資源，往往錯過許多大好機會而不自知。在分秒必爭的商場中，我們又能有多少時間等待呢？

不理會部屬是否心力交瘁，「威多於恩」的主管仍持續給予部屬更大的壓力，非得逼迫他們突破瓶頸。這種作法就像把一個想學習游泳，但卻怕水的人直接推下水池。也像是把一個害怕蟑螂的人，關在一個房間裡，不斷地放蟑螂進去，一隻、兩隻、十隻、百隻，甚至萬隻……這樣的治療方式，反而可能會加重恐蟑症。倘若部屬心理韌性十足，或許能夠見效。但若部屬還不夠成熟，很可能會因此崩潰而離職。

「風格不明」的主管放任部屬自生自滅，有點無為而治的狀態。挺得過，就是一條好漢；挺不過，就自然淘汰。另一種情況是主管的表達太過婉轉迂迴，讓部屬難以理解他的意思。請想像你為了某項專案，已經主動加班、犧牲休假，沒日沒夜地埋首苦幹，但進展仍不如預期。此時主管對你說：辛苦了！雖然專案如期完成十分重要，但身體也得兼顧，健康是一切的泉源，一定要找時間多休息喔。請問主管到底是希望你休息，還是要求你如期完成專案呢？

基於平日對部屬的觀察與了解，「恩威並濟」的主管，會比部屬更了解其瓶頸所在，故能主動為其量身訂製突破成長的方案，並交付部屬執行，同時持續給予壓力，確保其能持續推進。另一方面，則願意投入額外的資源，提供部屬所需的支持。然而，此處的關鍵在於，主管平日是否有在觀察部屬。倘若平日忙於公事，無暇關照夥伴，那麼主管幫部屬量身訂製的方案，很可能變成一廂情願。部屬根本不領情，甚至可能認為主管搞錯方向，而失去真正的價值與意義。

在嚴長壽先生擔任亞都麗緻飯店總裁的期間，因為非常重視部屬的發展，所以要求成員皆須提交職涯發展計畫。其中一位夥伴在計畫中寫道，希望在兩年內晉升主管。然而，依據過往的經驗，要達成這樣的目標相當困難，大可要求夥伴重寫計畫，但嚴總裁並未這樣做，而是約談了這位部屬，告知他若想在國際飯店擔任主管，優秀的外語能力是最基本的要求。基於平日的觀察，嚴總裁認為這位部屬要如期晉升主管的最大瓶頸，即為外語能力的提升。因此，主動幫他安排一對一的家教課程，並要求對方平日下班後，繼續留在公司上課（威），希望能在短時間內幫他迅速提升外語能力，同時動用組織的資源，給予家教課程費用的補助（恩）。雖然這樣的安排並未事先與部屬商討，但因其出發點是為了協助對方達成目標，因此部屬仍欣然接受安排。

(3) 挑戰情境

近幾年，各行各業都遇到了 COVID-19 所帶來的挑戰，不論生活或工作，都必須有所調整和改變，尤其在無法群聚的時期，身為主管又將帶領團隊何去何從呢？

「恩多於威」的主管十分體恤部屬，認為在嚴峻環境的挑戰下，績效下滑乃非戰之罪，故將目標向下調整。即使如此，團隊卻仍無法達成調降後的目標，因為主管在無形中傳遞了「景氣真的不好，連主管都低頭」的訊號，讓部屬更容易找藉口來原諒自己未能達成目標。有些主管甚至為了協助部屬達標，放下身段到第一線陪同作業，但卻被部屬視為理所當然，之後若未能再度陪同，反而會被視為造成落差的主因。

「威多於恩」的主管，其目標只有兩種結果：達成與未達成。當外在環境變得更為嚴峻時，主管為了如期達標，往往要求同仁更加努力。雖然部屬礙於主管的威嚴而不敢不從，但內心卻是不舒坦的。短時間或許能達成團隊應有的進展，但卻會累積負面的情緒與想法。等到哪天再也負荷不了時，就會一次大爆發，嚴重時甚至會導致團隊崩解。

想要求部屬排除萬難，堅持達成目標，又擔心被部屬視為酷吏；想要體恤部屬，卻又擔心進展不佳而造成營運危機。於是乎，「風格不明」的主管陷入猶豫不決的境地，而無所作為，有時甚至讓部屬感到困惑，不明白主管的想法與要求，而未能即時調整。到最後，只能寄望於運氣，如果帶領一群自動自發、目標意識強的部屬，或許還能順利脫困，但大多數的情況下，由於部屬資質一般，最終只能失敗收場。

雖然面臨更為嚴峻的挑戰，「恩威並濟」的主管對於堅持目標，絲毫沒有任何退讓空間。於是乎，抱著「多一分力量的投入，就多一分成果」的信念，放下主管的身段，主動站到第一線，與同仁並肩作戰。在共同努力的過程中，仍不斷要求夥伴正面迎接所有挑戰，不迴避、不退縮，並找尋新的方法和工具，以期突破困境，甚至願意犧牲自身利益，支持夥伴。

以我們康士藤近三年面對 COVID-19 的挑戰為例，雖然不能群聚，導致客戶培訓計畫幾乎全面停擺；也因各公司幾乎都採取限制訪客的管制措施，使得同仁無法拜訪客戶或進行提案，對公司造成極大影響。那段期間，幾乎沒有課程執行，當然也就沒有任何收入。然而，總經理展現體貼的一面，稱會用較寬鬆的標準對員工績效進行考核，但仍不忘時時提醒員工與公司目標之間的差距（威）。同時，在顧及防疫的前提下，利用講師資源對內部同仁進行培訓，進一步厚植同仁能力，儲備疫後的服務能量（恩）。另一方面，則帶領同仁積極研發線上授課模式（威），保有與實體課程相同的學習成效，並投入經費（恩），添購視訊平台及相關設備。在大家共同努力下，即使面對前所未有的疫情挑戰，康士藤仍能繳出亮麗的成長績效。

(4) 危機情境

團隊遭遇危機通常會帶來重大損失，對整個團隊造成嚴重傷害。因此，當領導者面對危機時，為了盡量減少損害，就會有許多不同的處理方式。以下將探討不同的領導行為，會對組織內部產生哪些影響。

「恩多於威」的領導者，會考量員工沒有功勞也有苦勞，所以不忍過度苛責與要求，且認為自己代表整個團隊，故願一肩扛起所有責任。雖能讓團隊成員感動與敬佩，但也僅止於此。成員無法學習如何避免危機，以及處理危機的方式，因此，團隊績效只能依賴該領導者的個人能力與資源，大多只能維持平盤或以下，無法期待能有突出的表現。

要帶領團隊安然度過危機，「威多於恩」的主管必須集中大部分資源，加以處理、應對，因此，必須確保團隊成員想法與行動一致。為避免節外生枝，不容許有各行其事的情況存在。因此，會嚴格管理不聽從指揮或置身事外、不配合行動的成員。團隊間瀰漫著緊張的氛圍，成員會感受到無比的壓力。在這樣的工作環境中，若短時間無法讓成員明確看到未來希望，那麼他們另尋出路也是必然現象，而一旦有人開始離開團隊，狀況就會急遽惡化。

提到「風格不明」的主管，又回到老問題：部屬永遠搞不清楚主管要做什麼？怎麼做？都已經遇到危機了，主管還拿不出辦法，夥伴心裡雖然著急，但卻看不出主管明確的作為與主張，誤以為情況沒有自己想的嚴重，因此漸漸失去警戒心，絲毫沒有任何改變。明明身處水深火熱的情境中，這類團隊卻像穿了隔熱衣而喪失危機意識，直到世界末日到來，才發現已經來不及了。當然，一些條件優異且機警的夥伴，會在第一時間選擇離開這樣的環境，對團隊而言將更雪上加霜，甚至加速凋零。

「恩威並濟」的主管既能維持團隊紀律，也能同理夥伴感受。在危機發生的第一時間，他們會挺身而出，扛下所有壓力，不會讓部屬獨自站在第一線處理。為了確保所有人目標一致、行動一致，他們還會嚴格要求部屬，依據所制定的危機處理程序，按部就班地執行，並且以身作則，示範應有的行為表現，絕不允許各自為戰的情事發生；若有人置身事外，顯得事不關己，則會受到嚴厲的處置。同時，他們願意犧牲個人利益，保護部屬不受到傷害。這類團隊不僅能夠安然度過危機，夥伴們也能從領導身上學習應對方法，進一步提升能力，繳出更好的成績。

以信義房屋為例，早在民國 70 年代末期，房貸利率高達 12% 以上的時代，為了減輕購屋民眾的負擔，信義房屋與合作銀行商定優惠利率，並以此為主要宣傳內容，吸引買方透過信義購屋。然而，不久後竟收到該銀行總行的通知，指出分行沒有權限做出優惠利率的決定，因此取消了協議。此舉對已經購屋的民眾造成嚴重損失，並讓信義的商譽受到質疑。在這場危機中，信義房屋創辦人周俊吉決定挺身而出，由信義補償已購屋客戶的利息損失（恩），同時下架優惠利率的文宣，要求同仁依據擬定的作業程序，逐一向客戶解釋（威），此舉雖然造成信義的財務損失，吃掉當年絕大部分的營收，但卻重新贏回客戶的信任，也讓同仁更深刻地體認到，信義立業宗旨中「促進房地產交易之安全、迅速與合理」的真諦。個人認為，這絕對是信義能拓展成集團規模的重要事件之一。

如何評估領導類型？

如何判斷自己的領導類型？藉由王安智教授的研究成果，可以評估自己在不同場景中，表現出的領導行為頻率，並以 1 ～ 7 作為評分，1 分代表「從未如此」，7 分代表「總是如此」。

在每個不同的場景中，可依主管的立威與施恩領導行為，初步進行簡單的分類：

（1）平均得分均高於或等於 6 分，即屬於恩威並濟的領導類型。

（2）平均得分均低於 6 分，即屬於風格不明的領導類型。

（3）平均得分不屬於上述兩種情況，則依據立威與施恩的得分高低，判斷屬於「恩大於威」或「威大於恩」的領導類型。

（註：此為一種簡易判別方式，且由個人自評而得。如果想更科學、更客觀地量測自己的領導類型，請洽康士藤測評中心，並邀請三位以上部屬進行不記名填答。）

優化領導行為的方式

一位高效團隊的領導者，多半能表現出恩威並濟的領導風格，反之，則有優化領導行為的空間。當你屬於風格不明的領導類型時，直接增加立威和施恩的領導行為，一步躍升到恩威並濟是最棒的方式，但執行上實屬不易。因此，以下提供兩種方法，並提供選擇的依據。

路徑一：風格不明→威多於恩→恩威並濟

先增加立威的行為，再往威多於恩的領導類型前進，接著提升施恩的領導行為，最終往恩威並濟的類型發展。簡單地說，這條路徑的重點在於「先把事情做對、做好」，再逐步增加對部屬的關懷與協助。

倘若符合以下幾點描述，即強烈建議採行路徑一的方法：

1. 主管的專業與經驗須明顯高於部屬，以要求部屬把事情做對、做好。
2. 團隊中的權力結構必須穩定且明確，以便指導、要求部屬。

3. 個人價值觀偏向立威，亦即主管必須要有主管的樣子。
4. 任務具有不確定性，且壓力相對較高，不容許出現錯誤。
5. 管轄的部屬人數不宜過多，以便密切掌握、監控其工作進度。

路徑二：風格不明→恩多於威→恩威並濟

優先提升與施恩相關的行為，成為恩多於威的領導類型，再逐步發展立威的領導行為，最終成為恩威並濟的領導類型。簡而言之，這條路徑的重點在於支持部屬，進一步揉合對事的要求，且不斷精進。

倘若符合以下幾點描述，即強烈建議採行路徑二的方法：

1. 專業與經驗明顯落後部屬，故須從建立良好關係開始做起。
2. 團隊主管與部屬的上下權力關係模糊不清。
3. 認為主管的使命偏向施恩，亦即要為同仁服務、協助同仁完成任務，而主管的職稱只是一個代表。

4. 所承擔的任務或責任不確定性高，面臨的壓力較低，對於成果的要求也不是非常嚴格。
5. 帶領的部屬人數眾多，難以詳細掌握每個人的工作進度。

路徑選擇並無優劣之分，重要的是找到適合自己的路徑。

圖7-2 關鍵情境、相應行爲與部屬反應之關係

關鍵情境	相應行為展現	部屬反應
犯錯	**嚴明管理** 進行賞罰分明的明快處置，但再次給予機會，要求部屬嚴格依照指示繼續完成任務。	**精進取向** •視為責任 •視為優先要務 •視為長期關係
阻礙	**主動指導** 主動替部屬排除甚至尚未意識到、但阻礙其成長的因素，替部屬規劃未來發展。	
挑戰	**追求卓越** 不因情勢變化降低標準，要求部屬全力以赴，且同時給予必要協助，以開發部屬潛能。	**實現自我精進** •提升專業能力 •拓展人際視野 •追求自我超越
危機	**身先士卒** 承擔責任，在關鍵時刻挺身而出，用實際的行動做為模範與表率，要求部屬追隨。	

註：本圖表摘錄自王安智博士的研究

Chapter 8

TCA 團隊發展四階段

楊恭茂 *(Eric)*

企業團隊動力會隨成員互動而變化，領導者須觀察團隊狀態，且提供不同領導行為，以引發良性的團隊動力，可參考美國心理學教授塔克曼的「團隊發展階段模型」。

(1) 形成期：團隊成員相互了解有限，仍處於觀察期。
(2) 風暴期：團隊熟悉後，成員意見分歧需妥善處理。
(3) 規範期：團隊發展成熟，可自行討論行動策略。
(4) 績效期：團隊充滿動力，需要舞台展現價值。

中階主管 David 如何帶領團隊？

David 是一位有 15 年資歷的科技業主管，年初剛加入一家大型外商企業 M 集團，擔任資深經理一職，負責一項為期三年的專案。專案團隊總共約 30 人，其中一半是新招募到職，另一半則從 M 集團內相關部門調來支援。在 David 上面，還有一位美國籍的資深副總 Karl，負責主持這項專案。

六個月後，David 感到壓力倍增，因為專案進度落後，Karl 在會議中不斷要求 David 及其他主管盡快改善。此外，因為疫情期間工作大多是 work from home，導致人員之間的熟悉度與互動效率變差，也使彼此的互動變得更困難。更糟的是，每當大家一起開會，Karl 總是抱怨許多成員不願意開啟視訊露臉，並且在會議中也不常發言討論或提問，但是會議後的執行卻又發生許多落差，讓 David 的情緒相當失落。為了解決這些問題，David 經常尋求團隊內的相關成員一同開會討論，但來自 M 集團其他部門支援的成員卻表示，有些事情已超越自己的職權而無法下決定，必須向原單位的主管請示，這樣的溝通過程又導致曠日費時，無法有效率地解決問題。

漸漸地，David 愈感無奈，他覺得那些從集團其他部門調來的成員，根本無心支持專案，總找藉口推託工作。當 David 向上級反應目前的狀況時，Karl 卻回應那些調來支援的成員將專職該專案三年，他也與各單位主管溝通過了，反而認為是 David 無法有效帶領這群成員。在這樣的情況下，和 David 同為此專案新招募的成員，已經開始出現離職現象，主因是他們認為在這個專案中，難以有效推動工作，與原本應徵工作的認知有落差。

身為這項專案的中層主管，David 該如何面對與因應目前的情況？

每個團隊都有其組成目標，如同案例中的 David 加入一個三年專案的團隊，該團隊的目標能否順利達成，須視團隊成員的互動狀態而定。前面章節中，討論了許多主管在面對部屬不同狀態時，應有的認知與技巧，本章將轉換視角，把焦點從「個人」轉向「團隊」，畢竟團隊就是一個群體，主管需要在不同的團隊狀態下「因材施教」。

然而，團隊內部也存在一定程度的「團隊動力」，當領導者與成員在良性互動的情況下，所有成員將對團隊產生認同感和團隊意識，並清楚團隊設定的目標。雖然偶有外部因素的挑戰，如市場變化、產業競爭、組織變動等，但成員會適度犧牲自己的利益，成全團隊的主要發展需求與目標，並努力完成所有工作。此外，當團隊有所成長與發展時，個別成員亦相對獲得自我發展與需求滿足，形成團隊與個人雙贏的結果。

David 一開始即忽略了團隊組建過程中，團隊動力的變化與遷移情況，僅要求成員盡力完成專案目標，然而，開會時卻經常發生沒有決議，或後續行動不明的情況。而成員則較少在會議上發表想法，也不願意主動站出來承擔解決問題的責任，導致許多工作「事倍功半」、毫無成果。若想改善這樣的情況，在專案團隊組建的初期，David 就應該把焦點放在整個團隊的互動狀態，逐步提升成員的團隊意識與向心力，方有機會扭轉現狀。

團隊發展模型

許多企業在經營過程中，團隊動力會因成員的互動情況而產生變化，因此領導者必須觀察、了解整個團隊的狀態，針對不同的狀態，提供不同的領導行為，盡可能引發良性的團隊動力。關於不同團隊狀態的詮釋，最廣為人知的理論模型，當推美國心理學教授塔克曼（Bruce Tuckman）於 1965 年發表的「團隊發展階段模型」（Stages of Team Development）。他把團隊發展的歷程區分為四個階段：形成期（Forming）、風暴期（Storming）、規範期（Norming）和績效期（Performing）。（後來塔克曼又於 1977 年新增第五階段——休整期（Adjourning），但不在本文討論範圍內）

塔克曼的團隊發展階段模型，針對成員之間的關係深淺，會影響其處理任務、解決問題的方式，做出很好的詮釋。雖然團隊需要經歷前述四個階段，進而實現目標，但團隊發展並非是線性的迴圈過程。當不同的影響因素增加或刪除時，團隊的動態與發展也隨之發生變化。在團隊成長的週期中，團隊可能因為良好運作而持續成長與前進，也可能因為內、外部的干擾因素而停滯或後退，這些過程都將深深影響團隊的工作效率。

塔克曼的模型簡易好用，足供領導者用於觀察自身團隊的發展狀態，並積極調整自己的領導行為。但我們也應該注意，此模型是基於許多小型團隊的數據收集與分析而開發，並非專門針對大型組織的研究，因此不宜過度依賴該模型，來詮釋所有組織型態的發展情況。

接下來，我們將闡述「團隊發展階段模型」的各個階段，以及領導者可以採取的相應行為。

(1) 形成期（Forming）

在此階段裡，團隊成員相互了解有限，如同情境案例裡的 M 集團專案團隊，成員在短時間內陸續加入團隊，尚未有共同工作的經驗或處理問題的模式。這種陌生感與隔閡感也導致成員在加入團隊初期，大多仍處於觀察狀態，還未摸清楚在團隊生存的「眉角」（訣竅），也就不易發揮自身的專業與能力。因此，領導者必須盡快幫助團隊度過「形成期」，讓成員擁有舞台展現自身價值。

◈ 領導者扮演的角色與任務：推動者

為了幫助團隊度過「形成期」，領導者須扮演好的「推動者」角色，投入時間安排一些軟性的活動，如聚餐、旅遊或團隊建立的訓練活動等，讓成員能快速打破人際隔閡、願意深入交流，消除因剛加入團隊而產生的不確定感和恐懼感。當成員之間開始消除隔閡感與不確定感後，逐漸能夠自在地發揮所長，展開更多交流互動，逐步建立團隊內部運作的規範，並了解各自的職責和團隊想要達成的目標。

以本章情境案例而言，David 原本認為團隊成員大多是具有豐富經驗的職場工作者，應該能夠一進到團隊就開始貢獻所長。然而事與願違，團隊運作並不順暢。為了改變團隊現況，David 在短期內安排了三天的會議訓練行程，而我負責協助團隊訓練，快速建立成員之間的關係與連結。在這三天的訓練中，成員透過許多深度的對話與信任活動，對彼此產生更深入的了解。其中，一項

「人生三階段」的對話架構，邀請成員把自己的人生均分成三段，並分享自己印象深刻的故事。當成員在分享人生故事之際，時而歡樂、時而淚泣，大家都將注意力放在對方身上，彼此之間也逐漸建立連結。

在這樣的推展下，成員間開始顯現熟稔的氛圍，大家甚至在最後一天進行了一項高難度的挑戰，一同挑戰單日遠征 22 公里。儘管許多成員的體能不甚良好，甚至有若干位夥伴體重過重，集三高於一身，最終卻能在彼此合作無間的情況下，全體完成這些挑戰，並創造了令人振奮的高績效成績。經過這次訓練，成員對於團隊開始有了更深刻的認識與信心，對於未來要達成的團隊目標，產生了一定的承諾度，團隊意識也在短時間內快速形成。

⊕ 幫助團隊度過「形成期」的關鍵作爲

1. 建立信任關係

人際之間從陌生到熟悉，需要更多的互動與交流，因此促進成員互相認識，就顯得非常重要。例如，每週舉辦聚餐或下午茶，或在開會前 10 ～ 20 分鐘，創造輕鬆的氛圍，讓成員先閒聊週末從事的活動，以快速打破人際隔閡，相互建立深度的認識，進而打造信任關係。

2. 尊重多元與相互支持

由於成員組成具有多元特質與不同專業，彼此尚未清楚對方的專業定位，因此需要更多的深度對話，以了解彼此過往的職涯經驗。例如，可以讓團隊成員分享自己在過去工作經驗中的高峰低谷時刻，或者分享自己曾經做過最有成就感的事情，或是曾經遭遇最有挫折感的事情，都能幫助團隊成員更加了解彼此、接納彼此，進而建立支持關係。

3. 引發團隊意識

此時成員的團隊意識較為薄弱，大家還在評估自身在團隊裡的定位與發揮空間。為了讓成員更清楚團隊的任務與目標，可透過設定一些小目標，逐步創造成果，鼓勵成員全力投入工作，藉此形成團隊意識。

4. 建立共同願景

此係大家之所以聚在一起的關鍵要素，領導者必須盡快幫助團隊建立共同的願景，可透過領導者真誠分享團隊願景（Top-down 方式），或讓大家在清楚團隊目標之後，一起擘劃未來願景（Bottom-up 方式），以吸引成員願意為了此願景，將自己與團隊「綁定」在一起，提高成員對團隊的積極性和承諾度。

(2) 風暴期（Storming）

在此階段裡，團隊成員已逐漸熟悉，隨著工作任務的執行，逐步達成若干成果，成員不僅認知自己在團隊中的角色定位，也開始熟悉其他成員的工作風格與模式。此時，大家開始表達自己的立場與意見，可能因溝通作風或行事風格，與其他成員發生爭論或衝突。如果領導者不能妥善處理這些問題，將持續成為茶壺內的風暴，團隊內可能開始形成小圈圈，例如支持領導者的陣營和反對的陣營，大家在共事過程中容易因為衝突產生情緒，降低整體的執行力。

此時，領導者必須很有耐心地處理這些風暴，甚至勇於揭開團隊中的地雷，可透過「一一擊破式」的個別溝通，如探查、認同等技巧，或向團隊真誠喊話，期許大家專注於團隊目標。同時，設立團隊溝通時應遵守的規範，避免成員在互動中流於情緒性的衝突，影響團隊運作。這樣的團隊風暴期最容易發生在組織較為動盪的時期，例如組織發展遭遇市場危機、積極轉型或尋求進入新市場等情況。當團隊調整目標時，成員對於該目標尚未產生一致的認知與共識，容易導致團隊運作中發生諸多混亂。

◈ 領導者扮演的角色與任務：協調者

在較為動盪的風暴期，領導者必須耐心觀察團隊狀態，倘若要求團隊展現績效，可能適得其反，只會讓檯面下的風暴更為擴大。領導者此時就像是一位「協調者」，利用機會逐步建立屬於團隊的問題解決模式與溝通原則，讓大家清楚明白，雖然團隊樂於傾聽每個人的想法，但創造團隊成果仍是首要目標。因此，處在風暴期的團隊，必須迅速建立一個鼓勵開放式溝通的氛圍，讓每個人都能自由地表達意見，進一步協調共識。一旦順利跨越風暴期，團隊將有機會建立更高的信任與凝聚力，使團隊能更聚焦目標，執行過程更有效率。

我們曾協助一家食品大廠積極轉型，但總經理帶領團隊進行轉型後，公司內若干高階管理者（大多是老臣）

對此轉變不甚認同，認為應該繼續發揮公司本有的強項，貿然轉型可能帶來業績下滑。然一些支持總經理轉型的主管（大多是新加入成員）則希望快速建立自己的績效，因此在做法上顯得較為急切，不斷引發團隊內的爭論與衝突。為此，我們安排了三次兩天一夜的訓練，透過深度對話與交流，再次鞏固團隊意識，鼓勵成員以建設性衝突的方式，參與團隊事務，而非以「你贏我就輸」的對立態度溝通。過程中，我們讓大家開放性分享自己的立場與憂慮，讓所有溝通與意見都能被聽見，增加訊息交流的透明度，降低資訊不對稱帶來的誤解與衝突。最後，我們讓所有主管一起思考，未來想將團隊帶領到何處，以此 Forward-looking 方式凝聚共識、屏除成見，共同為此目標努力。

◈ 幫助團隊度過「風暴期」的關鍵作爲

1. 在團隊中建立「建設性衝突」的對話原則

將衝突視為對團隊發展是正向、有益且能面向未來的，因為「非建設性衝突」將讓團隊停滯不前，甚至因為問題無法有效解決，而嚴重損害團隊利益。打造「建設性衝突」有三項重要原則，分別是：能坦誠表達自己的想法而無須擔心冒犯他人、能專注聆聽他人想法並聽出想法背後真正的關鍵，以及能換位思考與同理對方的想法。這三項原則皆須仰賴領導者與團隊成員相互鼓勵與督促，避免有人因違反規則而導致不必要的負面衝突。

2. 強化成員之間的信任度，鼓勵勇於衝突的溝通

由於成員的專業、立場與背景不同，想法與意見有所差異是正常的，這對團隊也有幫助。因團隊最怕「一言堂」式的溝通，無法讓大家坦然表達心中真正的想法。作為團隊的一員，每位成員都必須從自己的專業立場出發，針對目標或問題提出自己的看法。在互相信任的前提下，成員之間也應秉持「對事不對人」的原則來看待彼此的想法。在想法與意見的相互激盪之下，團隊將有機會共創出更有效的方案。中國大陸的知名企業「滴滴出行」，將公司內部的專案會議稱為「拍磚會」，要求每一位參加會議的成員，都必須開放地提出自身想法，同時也樂於像拍牆磚似的態度來挑戰其他人的想法，這才是一位負責任的團隊成員。倘若團隊內部沒有一定程度的信任基礎，成員之間將難以毫無顧慮地針對彼此的想法，展現批判性思維與提出建議。

3. 勇於揭開團隊裡的地雷

團隊中的衝突最怕成員私下抱怨、怪罪他人，但在公開場合又不作聲。對於這樣的團隊地雷，領導者必須盡速揭開茶壺內的風暴，切勿任其愈埋愈深。據觀察，許多領導者認為成員之間的不愉快都是私人問題，而非團隊公共議題，因此選擇忽略。然而，這種忽略卻會讓地雷不斷擴大，成為限制團隊發揮執行力的最大阻礙。成員私下抱怨，積累負面觀感，影響彼此合作的意願，溝通流於意氣之爭和私下放話，導致整個團隊的執行效率受損。唯有領導者勇於引爆地雷，要求大家將自身想法與疑慮公開提出，避免將立場的衝突，惡化為成員之間的衝突。領導者應該帶領成員秉持「建設性衝突」原則，針對團隊議題進行深入對話，並削弱地雷的破壞力。

4. 確立以達成團隊目標的基本溝通立場

隨著團隊經歷形成期的相互瞭解之後，成員開始熟悉團隊的運作，個人意見與想法逐漸浮現。但由於專業背景和立場不同，衝突也開始產生，容易導致人際猜忌、不滿，甚至對於領導者的挑戰。儘管領導者為了推動「建設性衝突」的溝通原則，而鼓勵團隊內部大鳴大放，但仍須不斷向成員強調「團隊立場與達成團隊目標」的重要性。若有成員為追求個人利益（如績效、升遷等）而破壞團隊運作，領導者必須直接面對與處理，情節嚴重者甚至須動用管理制度，進行人員汰換，確保所有成員皆以完成團隊目標、追求團隊成果為最優先考量。

如同 M 集團案例，如果在專案團隊運作一段時日後，仍有成員無法站在整個團隊的立場上展現執行力，並且思維仍囿於自身部門的立場，對於專案進展唯唯諾諾且推託不斷，David 必須盡速與上司 Karl 溝通，並處理失格人員，否則將動搖專案團隊穩定前進的步伐。

(3) 規範期（Norming）

在此階段，團隊已度過風暴期的各種紛擾，成員之間也形成了心照不宣的工作默契，亦即團隊工作文化。透過領導者與成員之間的有效整合，團隊在面對任務與問題時的討論及決策模式，變得愈來愈清晰，成員在分工上也都能清楚各自的強項與優勢，透過良好的協作機制展開各項工作。此時，領導者只需確保團隊的目標，基本上成員都能討論出有效的行動策略。此外，團隊也積累許多優質經驗，可透過「學習型組織」的模式，分享給更多成員，提升整體團隊的運作效率，也讓成員以身為團隊的一員為榮。

基本上，絕大多數團隊都處於「形成期」與「風暴期」，能跨入「規範期」真的相當不容易，團隊主管必須非常關注內部互動狀態，且持續創造良好的績效，才有機會進入「規範期」。

⌖ 領導者扮演的角色與任務：補位者

在這個階段，領導者並不需要過度介入團隊運作，成員在確立團隊目標後，會透過分工協作，以確保執行效率。此時，領導者猶如一位「補位者」，努力尋求資源，支持團隊自主達成目標，並幫助團隊創造更高的績效。然而，此階段領導者必須多加注意，因為追求績效的創造，團隊很可能會持續跨越原本的運作疆界，踏入過去沒有涉入的領域，形成新的挑戰與問題。這些「灰色地帶」尚未形成成熟的應對機制，領導者亦應盡早發現，並與團隊成員一同思考，如何應對這些挑戰。

我們曾協助一家居於領導地位的科技公司，有幸見證此種組織繁盛期。董事長非常清楚公司未來的願景與方向，而主管團隊也非常支持這樣的願景。在團隊成員互動中，可以發現其間並沒一般大型組織容易形成的官僚主義。無論主管或基層員工，都能針對各自的工作範疇就事論事，甚至能在公開場合對彼此提出優化意見，而不用擔心冒犯他人。此時董事長對於未來的願景越發有信心，持續提高業績目標，而團隊成員也努力執行，甚至激盪出許多前所未有的創意想法來創造團隊成果。若要說這家公司當下面臨的困難，便是有太多想做的事、能做的事，團隊必須有效聚焦目標，並妥善配置資源，這是該公司後續較具挑戰之處。

⊕ 幫助團隊度過「規範期」的關鍵作爲

1. 適時幫助團隊尋求更多資源

在「規範期」中，若團隊能有效地完成任務、創造成果，團隊成員通常會尋求更高的挑戰目標，例如尋求業績的成長、拓展新的產品領域，或設定成為產業的領頭羊等。然而，這些目標需要投入更多的資源才能達成，倘若領導者無法適時提供支持，或者與成員的目標不同，將形成團隊內部的衝突與爭議。在此情況下，團隊很可能會退回「風暴期」，甚至可能導致人員流動。若無法提供足夠資源，領導者需主動向成員坦承當前的困難，回頭與成員一同討論如何修正目標，確保團隊仍能達成一定的績效。

2. 避免灰色地帶無人處理

「灰色地帶」是每個團隊都會碰到的難題，但在「形成期」與「風暴期」中，這個難題不會變成主角，因為當時團隊關心的焦點並不在此。然而，「灰色地帶」若發生在「規範期」，很可能變成搶戲的主角，甚至成為風暴中心。

我們曾協助兩家企業形成業務策略聯盟，雙方各派出一支業務部隊共同開拓市場。然而，由於兩家公司的運作模式不同，當各自出擊時都能展現良好的績效，但合作後卻發現未能達到 1 ＋ 1 大於 2 的效果。此外，在合作過程中，成員也開始抱怨運作上的疏漏與無法配合，認為這樣的策略合作是「徒增困擾」，而這些「灰色地帶」的狀況又超越了各自過去的經驗與運作模式。所幸其中一家公司派任新總監積極處理問題，該總監努力遊說雙方人員對於合作的立意與利益，同時聆聽成員的心聲，加速處理「灰色地帶」，逐漸讓成員恢復原有的信心，業績也開始回升。

3. 鼓勵團隊自主運作、實現目標

團隊基於過往經驗與成熟技能，發展出高效的運作模式，當他們被給予清晰明確的目標時，自然能在內部良好運作中，找出達成目標的路徑。此時領導者不宜過度介入團隊運作，僅需定期與團隊成員會晤，檢視目標達成狀況；必要時提供建議與援助，共同會商團隊無法自行處理的難題，這種模式能讓團隊持續自我推進、創造勝果。

我們曾協助一家已成為產業領導者的精密工業公司，公司決定運用原有的技術優勢，跨入嶄新的領域，並鼓勵成員形成「內部創業」的風氣，只要團隊提出良好的構想，公司就會投入資金與人力資源，來協助實現。在這樣的制度鼓勵下，該公司已陸續研發出新產品，並開始尋求市場機會。這種自主運作和內部創業機制，不僅能幫助公司找到新的獲利曲線，同時也維持了組織內部運作的活力，讓成員持續展現對公司的信心與向心力。

(4) 績效期（Performing）

在此階段裡，團隊已經充滿了動力與鬥志，他們持續互動與創造成果，並形塑出一定的規範且為大家接受。在溝通過程中，團隊的氛圍通暢，時常展現建設性衝突。為了將事情做得更好，成員還會主動召開非正式的討論會議，以規劃行動細節，不需要領導者過多介入與指示。大家都很清楚組織當下要達成的目標，為了更好、更快地達成目標，成員會持續進行腦力激盪會議，甚至在挑戰現有做法的時候，也不會因為擔心他人觀感，或對做法沒有把握而失去信心。儘管過程中有時難以下定論，但這樣的辯論或衝突，有時能促使成員針對現有做法或提案，進行更深入的辯論，並淬煉出更好的方案。因為大家的基本立場就是要把事情做得更好，而非關注自身的利益或發展需求。此時，團隊最需要的就是一個展現的舞台，因為持續達成目標所獲得的信心，讓成員的目標不僅是完成當下被交付的任務，而會自行思索更高的願景，以定位團隊後續應有的價值，可以說，成就團隊目標的同時，也在成就每一個團隊成員。

要讓團隊進入「績效期」其實難度甚高，因為團隊在發展的過程中，會受到太多不可控因素的干擾，時常讓團隊的發展進程受挫，甚至退回先前的發展階段。以壽險業為例，2022 年對大多數壽險業者，是充滿逆風挑戰的一年。年初時，多數業者還在為前一年的績效論功行賞，這些績效與年終獎金羨煞許多民眾，壽險業也展現了對未來持續發展的信心與視野。然而，自 2022 年 5 月後，由於政府防疫政策突然改弦更張，而許多民眾陸續感染新冠病毒，前一年讓壽險者大賺的防疫保單，馬上變成「票房毒藥」，理賠金額較當初的保單收入高出數十倍，讓許多業者立即陷入困境，甚至多家業者進行人事調整，許多高階領導者因此下台負責。如此局勢變化，又讓這些團隊退回到「風暴期」，甚至是「形成期」。

⊕ 領導者扮演的角色與任務：激勵者

在「績效期」的領導者，其實可以說是一種甜蜜的負擔，因為團隊已形成戰鬥團隊，對於目標的達成專注一致且執行力高，領導者無須介入太多，只需持續關心與激勵團隊的發展。由於成員已不再滿足於現有執行的任務，想要追尋更高的目標與願景，領導者必須擘畫團隊下一階段的任務，鼓勵成員為更高遠的目標，持續努力、精進與發展。

然而，真有團隊能在持續發展的過程中，站穩「績效期」嗎？在我們心目中，慈濟就是一個非常典型的成功組織，在證嚴上人胼手胝足、篳路藍縷地辛苦開創下，慈濟組織已在國內外發展出相當成熟的運作機制。自 1966 年證嚴上人發願以「集合五百人就是一尊千手千眼觀世音」的精神，建立一個菩薩網，隨處聞聲救苦，最初透過手作和募款，在花蓮鄉間每月募集一千多元，從事濟貧救苦的工作。時至今日慈濟組織遍布全球，據 2021 年慈濟的財報，其資產規模已達 1,285 億元。只要國內外哪一處發生天災巨變，除了政府機制之外，慈濟幾乎都是第一個派出志工到達現場安撫民眾、提供救濟物資的組織。慈濟的行動效率之快、成員投入之深、撫慰人心之效，足堪成為所有組織發展的楷模。對於這樣的高效率作為，已無須證嚴上人戮力親為，而是團隊的每一位志工在背後互相鼓勵，將自己奉獻給慈善事業。為了讓觸角更廣布社會，慈濟亦持續擴大其影響力範圍，如醫院、學校、媒體、環保和人文等領域。這些持續向上、向外的良性發展，即為「績效期」團隊顯著的表徵。

我們曾在協助一家外商消費品企業時，也目睹了「績效期」的現象。這家企業的產品布局與業務推展，非常成熟完整，且業績持續穩定成長，員工也以身為企業的一員為榮。此時，高階領導群為了下一階段（5～10年）的企業發展，而規劃出願景。除了持續向所有成員溝通願景對企業發展的重要性，也鼓勵成員開始轉型與成長，以實現下一階段的目標。因此，不僅舉辦各種專業與能力提升的培訓課程，主管群更花費許多時間彙整出新的企業文化，以「當責」作為下一階段成員應有的思維與行為準則的基礎。儘管這樣的轉型需要成員投入更多努力，但在「績效期」團隊的基礎下，領導者是站在支持與激勵的角度，與員工互動，讓成員對企業未來的發展抱有高度的期望和榮譽感。對於這樣的轉變，成員表達認同與支持，有助於團隊變得更好，讓企業維持良好的績效與員工認同度。對領導者而言，實踐TCA模型中的「認同」溝通技巧非常有幫助，同時也需要不斷「探查」成員對於自己與團隊未來發展的看法與需求，藉此適時給予鼓勵與激勵，避免員工因身處舒適圈而忽略未來的發展視角。

⌖ 幫助團隊維持「規範期」的關鍵作為

1. 為團隊訂下「挑戰性目標」

由於團隊的成熟運作，使成員對於現況滿意且自信。然而，若團隊一直停留在「舒適圈」，容易產生故步自封的態度。因此，領導者在此階段必須適時提高目標挑戰度，以激發成員的問題解決能力與創造力。所謂「挑戰性目標」意味著，團隊成員如果用當前已熟悉的運作模式是難以達成的。換言之，如果團隊接受的是「安全性目標」，其實就是在鼓勵成員繼續用現有方式執行，反而容易讓團隊陷入停滯不前的狀態。對團隊而言，目標應該是靈活調整的，根據團隊的現況與內外部環境適時調整，既符合團隊發展的需求，亦滿足成員成長的期望。

2. 為團隊規劃下一步的願景

前一點提到，領導者需要為團隊設立「挑戰性目標」，這些目標通常是短期的且聚焦當下，但團隊需要知道這些目標將會把他們帶往何處。因此，領導者必須深入思考，並為團隊規劃中長期的未來願景，讓每一階段的挑戰性目標串連起來，並讓前一階段的目標成為下一階段的基礎。在團隊的有機生長與目標持續達成的情況下，所有成員都將對領導者所揭櫫的願景更為認同，也更願意投入其中。

我們曾協助一家業績持續成長的科技公司，在每一年的年終，他們都會舉行高階主管會議，目標是為了規劃與調整企業的「五年策略願景」，以持續為企業發展注入活力。透過這項機制，成員也能看到公司的成長，並在個人發展方面受益。課程中，我們會使用一項工具，幫助團隊成員「聚焦未來」，藉由對話不斷針對未來幾年的企業發展願景，進行具象化、實務化的規劃，同時連結到當下成員應如何執行，才能達到這樣的願景，並思索團隊可能遭遇的挑戰與難題。許多領導者看到這項工具後，都會認可成員在這過程中，已經從組織角度看待事情，甚至用 CEO 的視角看待問題，這正是願景對於團隊成員的正向影響力。

3. 透過各種機會與管道激勵成員

當團隊處於「績效期」，並持續穩定產出成果時，成員通常會更有自信且願意面對未來。在鼓勵團隊持續往前邁進時，領導者必須適時給予成員應有的獎賞與激勵。此方面可以參考美國心理學家 Frederick Herzberg，於 1950 年代提出的「雙因素理論」，又稱為「激勵保健理論」。該理論能解釋何種形式的獎勵，對於員工能產生激發的效果。Herzberg 將獎勵區分為「保健因子」與「激勵因子」。「保健因子」係指給予員工實質的獎勵，例如金錢報酬、工作地位、工作保障、工作環境、督導方式、公司政策與人際關係等，有趣的是，如果企業因為成員創造績效而持續給予「保健因子」的獎勵，成員難以獲得滿足感，也難激發其工作動能。相反地，「激勵因子」則指給予成員非實質的獎勵，例如成就感、受賞識感、被肯定與認同、自身職涯成長與發展等，能有效提升成員的滿足感。因此，當團隊進入「績效期」時，領導者必須採用「兩手抓」的策略，既要給予實質的獎勵，以滿足成員的基本需求，同時也更要給予成員非實質的獎勵，以激發成員個人的投入度與工作動能。

動腦想一想

Chapter 9

綜合個案演練

張宏梅 *(Monica)*

管理職的工作價值，來自於透過他人完成工作，焦點則為「管理他人完成多項任務」。本章透過三項個案，綜合演練前面各章提及的心法與方法，期使主管與部屬皆能為組織，投入更好的工作動能。

(1) 工作個案：輔導和教練並進的引導技巧，再採取授權為主的指導策略。

(2) 私人個案：先用輔導型的指導策略，再調回教練型的領導模式。

(3) 績效面談個案：命令式管理→指導式管理，並以授權式管理，形塑部屬正向循環的工作動力。

三明治主管 Rebecca 的困境

Rebecca，38 歲，擁有商學碩士學歷，曾有八年供應鏈工作經驗，也曾擔任過基層主管。她的工作態度積極主動，期許在職場上取得一番成就。人際敏感度高，除非必要，否則不太喜歡交際應酬。

兩年前 Rebecca 進入 T 科技公司，任職於資材處採購課。雖然在科技產業的經驗還不夠豐富，但對於主管交付的工作總是使命必達。她為人處事穩健有禮，擅長處理事情。雖然交際應酬不是她的強項，但具有敏銳和細緻等特質。

基於連續兩年任職採購資深專員，Rebecca 的工作績效良好，去年底獲資材處長 KY 提報，晉升為採購課副理，負責執行和推動日常業務、相關專案和課內人員管理等採購課所有職能。

在採購課中，還有三名成員，其中 Jenny 是資深採購專員，在 T 科技任職超過 10 年；另兩人都是去年 6 月畢業後入職的新手。Jenny，40 歲，個性外向、健談，總給人充滿熱情的印象。她喜歡與人攀談，和各部門同事都十分熟識且有交情；工作上的溝通協調能力佳，和廠商一直維持不錯的關係，對 T 科技的產業供應鏈十分熟悉。由於 Jenny 在採購部門工作多年，公司重要的供應商大多仍由她負責。

不過，Jenny 的工作態度以做好本職工作為原則，只要是她責任範圍內的工作，都能獨立完成。過去，KY 曾交付她協同負責幾個專案工作，她會和 KY 討價還價。但只要能說服她，Jenny 都能完成任務。

自從 Rebecca 和兩位新人加入後，供應商的分配已更合理化，且 KY 要求未來採購課負責的業務，須進行輪調，以培養成員的專業能力，並避免供應商過度集中於某一人身上的現象。

今年農曆年後，由於全球經濟不佳，公司訂單也大受影響。資材處被要求達成 6% 的成本撙節指標。資材處長 KY 告訴 Rebecca，希望她想辦法讓採購部門，對外達到 10% 的 cost down 結果。

上週一，Rebecca 在採購課週會結束前三分鐘，當眾布達 KY 交付的任務，並要求大家配合，但沒給予課員進一步討論的時間。會議結束後，Rebecca 在茶水間遇到 Jenny，順道和她說了「Hello，Jenny，一週後我想和你討論你負責的廠商，麻煩你先準備方案。」當下 Jenny 只是聳聳肩，並沒有回答什麼。

一週後，Rebecca 和 Jenny 的 cost down 工作會議一開始，Jenny 卻表示她沒有準備相關報告，因為降低 10% 成本的指標要求不合理，希望 Rebecca 跟 KY 反映一下。

主管角色——Rebecca

當妳走回座位時，回想起曾經讀過《TCA 卓越領導勝經》，雖然覺得目前的狀況充滿挑戰，但仍打算積極面對，並計劃本週再約 Jenny 談一談。

員工心聲——Jenny

妳對 Rebecca 的晉升沒有什麼意見，因為妳並不想往管理職發展，也滿意現在的資深採購專員職務。不過，妳從未和任何人透露自己的想法。

自農曆年初妳就從財務部門得知，公司要啟動 cost down 專案，早在 Rebecca 找妳談這件事之前，就已經知道這個計畫。由於疫情影響，供應鏈過去兩年一直在缺料，妳努力幫公司催料，供應商也全力配合，現在卻又再次要求廠商調降報價。

再者，就妳所知，資材處的 cost down 指標是 5%，但妳的主管 Rebecca 卻逕自答應 KY 處長提出的 10% 要求。妳覺得 Rebecca 沒有事先商量，也沒有顧及妳的感受，所以並不想配合她推動此項專案。

關於 Rebecca 想再找妳談一談的事情，妳的想法是：

1. 針對 Rebecca 沒有找妳溝通，就直接答應 KY 處長降低 10% 成本的指標要求，表達自己的感受。
2. 認為 Rebecca 是個急於表現的新主管，這讓妳對她產生了一些負面的想法。

對於 Rebecca 打算再次和妳討論 cost down 專案，妳打算這麼做：

1. 希望以後 Rebecca 在承諾工作指標前，能夠先和妳商量。
2. 讓 Rebecca 了解，妳手上的廠商對公司的重要性，維繫關係比要求對方降價來得重要。
3. 除非 Rebecca 能說服妳，否則自己不打算協助這項專案。

問題討論

身為主管的 Rebecca，應該如何與 Jenny 溝通，才能完成 KY 交付的任務？請運用能力動力矩陣、主管應有的觀念與態度、TCA Model，以及三種回應技巧，思考以下問題：

（一）判斷 Jenny 屬於「能力動力矩陣」中的哪一象限？原因是？

（二）Jenny 適合哪一種部屬指導策略？

（三）如何透過對話打動 Jenny，讓她願意和妳一起完成 KY 交付的任務？

案例解析

（一）判斷 Jenny 屬於「能力動力矩陣」中的哪一象限？原因是？

Jenny，具備採購專業能力和溝通協調能力，能維繫良好的供應鏈關係，她在 T 公司的強項是採購專業知識／技能。在工作動力的部分，可能就要分兩方面來看，對於採購專員的日常業務，她具有責任感且能主動完成分內工作，可算是具有一定強度的動力。

但若遇有專案任務或額外工作指派時，Jenny 常抱持能免則免的心態。以此次 cost down 專案而言，Jenny 的能力動力矩陣落在第 I 象限，如何讓她的象限由 I 往 II 移動，是 Rebecca 能否完成此次專案的重要關鍵。

圖9-1 能力動力矩陣

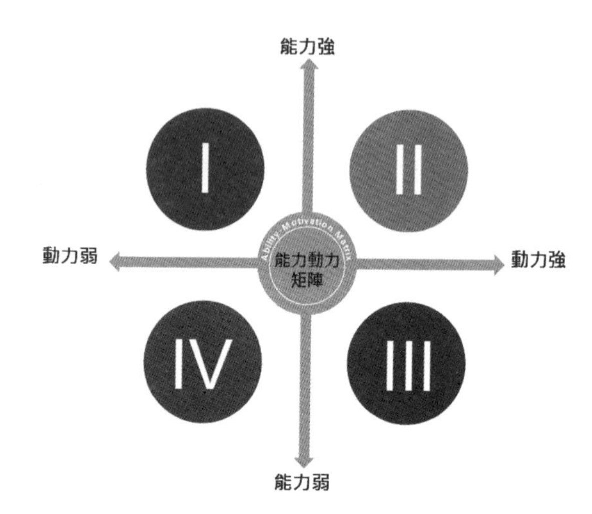

（二）Jenny 適合哪一種部屬指導策略？

在動力能力矩陣中，工作動力是「人」的議題，而知識／技能則屬於「事」的議題。而 cost down 專案中，Jenny 處於第 I 象限，能力強但動力弱；因此，Rebecca 必須先獲得 Jenny 的認同，引導她轉換觀點，並激發她對專案的責任感，願意將專案視為自己分內的工作，才能提升她的動力程度。這個部屬指導策略的過程，強調協同解決部屬「人」的議題。先化解 Jenny 對專案抗拒的心態後，再聚焦於「事」的推展就會容易多了。

除了管理經驗尚屬薄弱外，新手主管 Rebecca 對於 T 科技的供應鏈關係，或所屬產業的專業知識，仍須一段時間的歷練。因此，Rebecca 應對 Jenny 採取輔導和教練並進的引導技巧，以化解她將專案視為「非分內工作」的心態。接著，再採取授權為主的指導策略，才有可能完成這項任務。

圖9-2 四個象限的四種管理策略

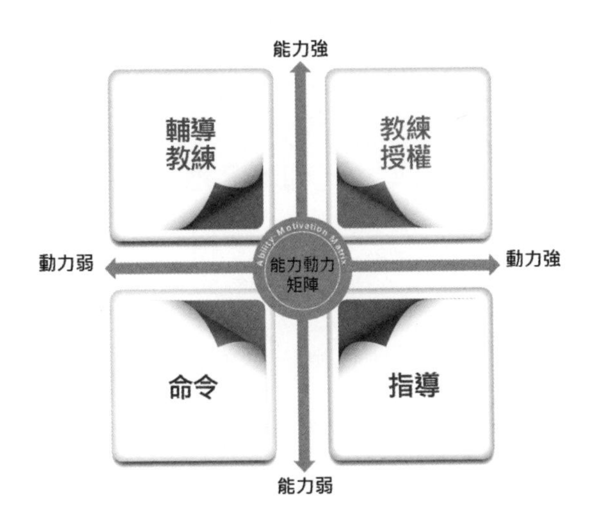

（三）如何透過對話打動 Jenny，讓她願意和你一起完成 KY 交付的任務？

像 Jenny 這類的工作老手，在職場上相當常見。當新手主管遇到這類員工時，若能採取開放的態度，對方也較有機會跟著開放，可參考周哈里窗「開放我」的技巧運用。

對工作使命必達、態度積極的 Rebecca，與 Jenny 剛好抱持兩種不同典型的工作態度。主管若認為部屬應該要有一樣的想法，便很容易踩入管理溝通的雷區。

管理職的工作價值，來自於透過他人完成工作，焦點在於「管理他人完成多項任務」。回顧個案中，身為主管的 Rebecca 在週會中逕自布達重要專案後，又在茶水間請部屬準備一週後的工作。很明顯地，Rebecca 只有布達任務，並沒有聽取大家對專案的想法。

接下來和 Jenny 的溝通，Rebecca 打算先分享自己、尋求回饋，並運用回應和傾聽技巧，協同 Jenny 一起找出達成專案的方法。

Rebecca：這次的 cost down 專案，我知道妳可能有不同的想法，但妳的角色非常重要，妳願意

和我談談嗎？（邀請）

Jenny　：妳答應 KY 處長 10% 的 cost down 指標，高於財務下達的 5%，但我負責的供應商是沒有辦法達成的。

Rebecca：我十分理解妳的擔心。妳願意先聽我分享，我之所以承諾達成這個指標的想法嗎？（同理，先開放自我）

Jenny　：妳說說看吧！

Rebecca：其實，我們採購課這幾年都很努力地和廠商議價，尤其是妳負責的廠商又最多……不過資材部門中，另兩個單位的主要業務皆為對內作業，能夠調降的成本實在有限。為了協同完成公司面對不景氣的經營壓力，所以我想先和妳一起努力試試。

Jenny　：話是沒錯，但妳答應 KY 前，沒有先與我討論，我希望能一起參與討論。

Rebecca：謝謝妳讓我知道，這是我的疏忽，妳的參與對我們會非常有幫助。（接受回饋）

Jenny　：嗯嗯。

Rebecca：你過去的經驗十分豐富，對於 cost down 專案很重要，對我更是重要。針對我負責的廠商，我做了一些準備，因為以前妳負責過，所以我很想聽聽妳的看法。（邀請對方聽取你的想法，讓資深老手貢獻過去的經驗資訊）

Jenny　：好呀！

（討論過程中，Jenny 提供一些過去的經驗，兩人充分討論後，Rebecca 也獲得了幫助，同時也激發 Jenny 對專案參與的熱忱）

接下來 Rebecca 對 Jenny 的提問例句，例如：

1. 妳覺得在什麼情況之下，我們有機會達成這項任務呢？
2. 假設有成功的可能性，以 1 ～ 10 分來說，妳覺得是幾分？我們可以一起為這個分數，做些什麼努力呢？
3. 妳過去都是怎麼辦到的啊？達成後又為公司帶來什麼貢獻呢？
4. 接下來，我們可以展開哪些具體行動呢？
5. 如果達標，我們要如何慶祝呢？

蠟燭多頭燒的生管課副理 Amy

Vincent，45 歲，擔任 V 科技公司製造部經理已五年。在同事眼中，Vincent 的邏輯分析能力強，擅長生產流程和數據分析。

Amy，40 歲，任職 V 科技公司製造部生管課副理已兩年。她曾在製造部下轄的各生產課都歷練過，對各項生產流程都十分熟悉。此外，Amy 熱心於協助部門同儕，個性外向活潑，說話嗓門大，溝通協調能力佳，與各部門往來合作一向不錯，也經常參加公司社團活動。每天早上Amy送孩子上學後，就到公司上班，無論工作投入度和學習態度都十分積極，一直是主管的好幫手。

最近，Amy 常常上班遲到，有時還會臨時請假，也很少在辦公室裡聽到她的大嗓門。另外，Vincent 也觀察到，Amy 這陣子都沒參加公司中午的瑜珈社團，整個人的活動力突然下降不少。

Vincent 曾利用中午用餐的短暫時間，關心 Amy：「最近怎麼常常遲到，有沒有什麼事呢？」Amy 當下便抱怨，「為什麼我要做那麼多事？」「我好累喔！」還說道：「或許我應該先把家裡的事照顧好。」由於已接近下午的上班時間，兩人都趕著去開會，這段對話也就此停住。後來，Vincent 也忙到忘了這件事。

兩週後，為配合客戶新產品即將上市，全公司各部門的交貨壓力都非常大，Amy 負責的生產課更成為全公司關注的焦點。日前，在跨部門會議中，由於出貨量未能達標，Amy 認為有部分原因是品保要求過於嚴格，以及 HR 招募新人不力所致。當她和製造部其他課長被各部門檢討時，她突然情緒激動起來，當場與品保課長發生嚴重爭吵。這個衝突事件，後來升高為製造部門和品保部門的對立，一度影響到正常出貨。

由於事態嚴重，Vincent 便約 Amy 進行一對一會談，勸她「做好情緒管理」。接著又告訴 Amy，上個月公司已啟動接班人養成制度，而她被列為第一人選，希望她「重新調整自己」。不過，Amy 當下似乎完全沒有聽進去，情緒顯得有些激動。最後，只是冷淡地回說：「我想要休息一陣子，最好可以申請留職停薪一段時間。」這讓 Vincent 感到一陣錯愕。

主管角色——Vincent

Amy 是公司長期培養的主要幹部，是製造部不可多得的人才，也是目前部門裡唯一適合的接班人選。上次和 Amy 的一對一會談，你認為自己沒有做好準備，這次翻閱了《TCA 卓越領導勝經》，想再和 Amy 好好聊聊。

員工心聲——Amy

這學期妳那國三的兒子，在網路上交了一位女朋友，學校成績退步不少。眼看再過半年就要會考了，這讓妳很頭痛。而妳先生又長期外派大陸，家裡大小事都由妳張羅。上個月，妳的媽媽突然跌倒住院，下班後，妳經常家裡、醫院兩頭跑，自己最近也常因煩惱而開始失眠。

再加上最近公司大客戶出貨交期的壓力大，感覺每天都被各單位追殺。製造部門的其他課長都比較年輕，遇到問題時，總習慣先私下請教妳。以前，妳積極且樂於協助部門同仁解決問題，也感覺自己是很有價值的。最近不知怎麼搞的，內心突然出現一些聲音，「為什麼我要做那麼多事？」「我好累喔！」「我應該先把家裡的事照顧好。」

關於日前在跨部門會議中，與品保課長的衝突事件，妳也為自己的情緒失控而感到後悔。但在上次與 Vincent 的一對一會談中，他直接表示「要妳做好情緒管理」，讓妳頓時之間感到忿忿不平。當下妳完全聽不進 Vincent 對自己工作的肯定。甚至對於他所說的，要提報妳為部門接班人，其實那一瞬間，妳是有點被激勵的。不過，當妳面對家裡的事情和 Vincent 的指責，反而有些氣餒，所以妳衝口而出「想要休息一陣子，最好可以申請一段時間的留職停薪」，事實上，妳尚未認真考慮過這個想法。

對於 Vincent 有意安排再次會談，妳打算這麼做：

1. 先聽聽 Vincent 想說什麼，情況合適的話，再說出自己的感受。
2. 將錯就錯，若真的能休息一段時間，或許也不錯。

問題討論

身為主管的妳，該如何與 Amy 進行接下來的對話？請運用能力動力矩陣、有效的領導策略、積極傾聽、TCA Model 的對話模式，思考以下問題：

（一）判斷 Amy 屬於「能力動力矩陣」中的哪一象限？原因是？

（二）依據有效領導模式，Amy 適合哪一種部屬指導策略？

（三）如何運用積極傾聽、三種回應技巧的對話模式，與Amy進行一對一會談，解開她的卡點？

案例解析

（一）判斷 Amy 屬於「能力動力矩陣」中的哪一象限？原因是？

Amy 現職為生管課副理，過去曾在各生產課歷練過，對於各項生產流程都十分熟悉。工作投入度和學習態度都十分積極，一直是主管的好幫手。故其在製造部門裡，屬於能力強、動力強的第 II 象限員工，是公司的高潛力人才。

不過，最近由於家庭因素，讓她的工作動力開始下降。如果沒有進行適當的引導、給予及時的協助，Amy 可能會逐漸轉變成動力弱、能力強的第 I 象限員工。除了讓部門折損一名優秀幹部，甚至會衍生一些意外的管理問題，例如，因為一時情緒激動，引發部門間的衝突。

Amy 是一般職場上，十分鮮明的例子。在職場中所汲取的知識、技術和能力，將隨時間呈正向成長，且持續向上累積。也就是，隨著學習投入和經驗的累積，「知識／技能」往往會朝第 I 或 II 象限移動。然而，內在「動力」強弱所對應的工作行為，會受個人的感受、觀點、期待等內在驅動力牽引。而人們的內在感受，往往容易受到外在因素的影響。

例如，Amy 受到一連串家庭事件的影響，讓她產生負面的心理狀態，也間接影響了她在工作上的感受。又例如，原本樂於幫助同儕的行為模式，由於負面的心理狀態，使其觀點改變為「為什麼我要做那麼多事？」對應的感受也跟著出現了變化，讓 Amy 覺得「我好累喔」。此時，Amy 的工作「動力」由強轉弱，其能力動力矩陣來到了第 I 象限。值得注意的是，員工在工作行為上展現的「動力」強弱，是一個動態的變化，主管需適時運用不同的領導技巧，才能更有效地協助員工。

（二）依據有效領導模式，Amy 適合哪一種部屬指導策略？

由於來自家庭成員的因素，此時正困擾著 Amy。持續的負面感受，逐漸削減了她的工作動力，也直接影響了她的工作表現。例如，在跨部門會議中，Amy 一時情緒激動所引發的爭吵，最後演變成部門間的衝突事件。此時，部屬特別需要主管的同理與支持。

除了使用教練型的領導技巧，主管可適時運用輔導型的指導策略，舒緩對方的情緒感受，給予對方同理與支持。甚至在適當的情境下，協助部屬看到自己不同於以往的行為，並適時提出建設性回饋，讓員工覺察到個人的情緒，已影響到正常的工作表現，當其承諾找出對應的作法後，工作動力就有機會回復到以往的水準。此時主管的領導策略，即可調回教練型的領導模式。

正常狀態的 Amy，專業能力強、個性積極主動，整體工作投入佳，溝通協調能力也不是問題，是主管的得力助手。對於 Vincent 將安排 Amy 為接班人的計畫，十分適合運用教練型的指導策略。除了給予工作授權，在 Amy 遇到工作挑戰時，可多採取提問、信任與欣賞性回饋等教練型領導技巧，激發他們想要成為更好的自己，往更卓越的表現前進。

圖9-3 四種領導技巧

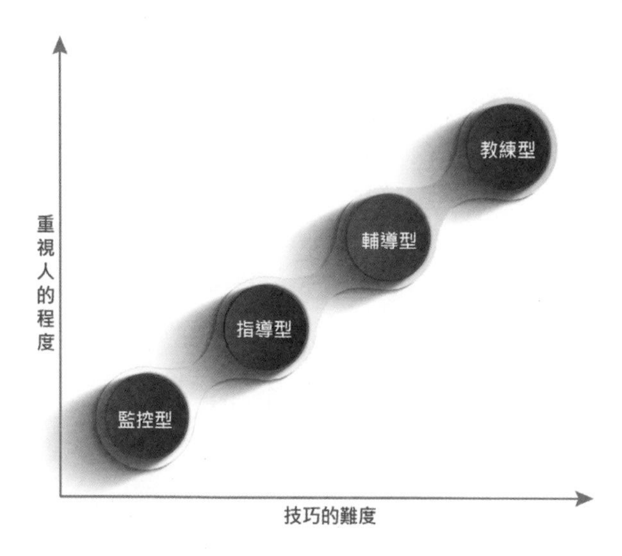

（三）如何與 Amy 進行一對一會談，解開她的卡點？

透過動力能力矩陣的分析，可以辨識 Amy 是由於個人因素，而出現一時動力下降的情況。如何協助她解決眼前的困擾，找回她對工作的熱情，是首要的溝通目標。然後，再請對方討論部門衝突事件，也就是先解決人的問題，再來處理事情。

回顧 Vincent 和 Amy 的一對一會談，面對 Vincent 的責備，Amy 直接產生了反抗的防禦心態，也就很難再對 Vincent 提報她為接班人的肯定，產生正向的思考。

接下來，Vincent 安排在咖啡廳和 Amy 晤談，這是一種很棒的做法。選擇辦公室以外的場所，能讓人感覺比較輕鬆，也較易敞開心房對話。此時，首先要處理的是 Amy 的情緒，所以同理是溝通的第一要件。接下來則是探查，可透過詢問，協助對方就多面向的客觀資訊，加以整理。在整理的過程中，須適時探問對方，想要怎麼做或有什麼期待。此期間的溝通，也要記住積極傾聽的訣竅，包括：運用肢體觀察、眼神交流或停頓的互動技巧。透過動態的聆聽，敏銳地在關鍵時機提出你對部屬的觀察或看法，甚至可以邀請對方回應你的觀察，以觸發對方衍生進一步的省思。

值得一提的是，在員工因為家庭事件所引發的部屬管理議題，無論同理、探查和提問，都是良好的溝通技巧。然而，除非有明確的答案，否則未必需要提供建言。而「同理、探查、建言」的回應技巧，並沒有一定的先後順序，依當下情境能靈活運用為主。

圖9-4 三種回應技巧

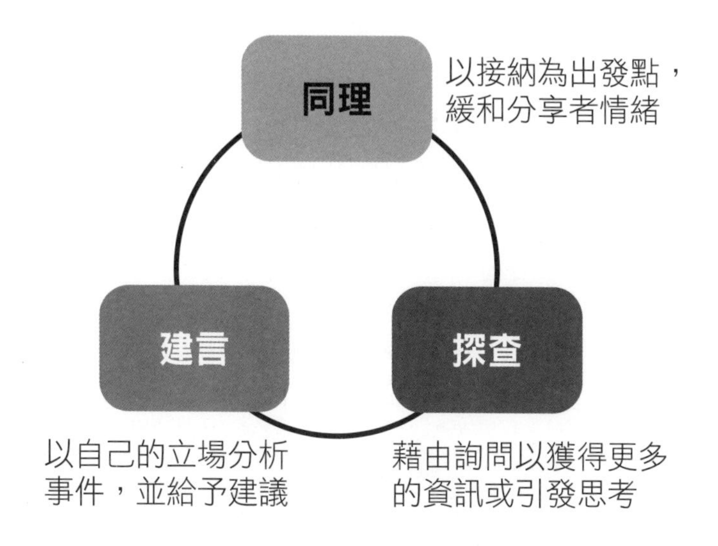

Vincent：我們已經合作這麼多年了，也擁有多年的革命情感。上次突然聽到妳說想休息一陣子，我很驚訝，妳是不是有什麼委屈或困難呢？（同理，拉近彼此的距離）

Amy　：（皺眉頭，勉強地笑了一下，好像想說些什麼，但最終並沒有開口）

Vincent：還好嗎？從妳剛剛的表情，我知道妳可能有些話想說，很抱歉沒有早點和妳聊聊。

（觀察到 Amy 的肢體表情，再次表達同理與關切）

Amy　：（覺得被同理後，讓她願意敞開心房，向主管陳述目前遇到的問題）

此時，主管須充分運用積極的傾聽技巧。

Vincent：辛苦了喔！妳身兼數職，要當好女兒、好媽媽，又是公司的重要幹部，很不容易耶！很抱歉，這一陣子太忙，都沒有主動關心妳。（持續同理，欣賞式回饋）

Amy　：（卸下心防，願意有更多陳述）

Vincent：妳媽媽現在的狀況還好嗎？（探查，關切）

Amy　：下星期即將出院，沒有什麼大礙。

Vincent：太好了，真是好消息，也難為妳了，醫院、家裡和公司三頭忙。（同理）

Amy　：對啊！很慶幸，媽媽身體沒有什麼大礙。

Vincent：馬上就要 3 月了，妳兒子 5 月就要會考了吧？只剩不到三個月喔。（探查，獲得客觀資訊）

Amy　：對呀！真的好讓人焦急喔。

Vincent：辛苦了，天下父母心啊！那妳打算怎麼幫他呢？（探查，引發思考）

Amy　：（靜默了一下）坦白說，孩子都這麼大了，其實我也沒有什麼能做的，就看他自己會不會想了。

Vincent：妳上次說自己很累，是與媽媽、兒子有關，或者還有其他事情呢？（探查，獲得客觀資訊）

Amy　：（一陣沉默後）其實也沒有啦！只是這一陣子，真的覺得很多事情全部擠在一起，但現在好多了。（感覺被關切，化解了她的情緒）

Vincent：公司真的很需要妳，尤其是現在全公司都趕著出貨，妳願意幫我一起完成任務嗎？（肯定，處理人的情緒後，回到工作議題的討論）

Amy　：（不好意思地點點頭，覺得是自己有情緒在先，反而讓她不好意思了起來）

化解 Amy 的情緒議題後，可以安排第二次對話，邀請她談談上次的部門衝突事件，並請她事先準備。接下來的談話，則著重在工作事件的處理，可以直接安排在公司的會議室。

對於會議室的衝突事件，Vincent 對 Amy 的提問例句，示例如下：

1. 邀請 Amy 回顧整件事，包括：她的目的、想法和感受。
2. 同理 Amy 的感受，指出她行為背後的正向意圖。
3. 衝突事件造成哪些後續影響？
4. 邀請 Amy 思考，她原本想要解決問題的初衷為何？
5. 此次事件和過往經歷有哪些不同？
6. 如果再發生類似的情形，Amy 會怎麼做？

如何與績效落後的部屬進行面談？

Danny，45 歲，個性沉穩、對環安法規十分嫻熟，持有不少專業證照，目前擔任 V 公司環安部門副理。Justin，27 歲，三年前自環工系畢業後，即加入環安部門，目前擔任安檢課工程師。此外，安檢課還有兩位年資不滿兩年的副工程師。安檢課的業務包括：推動全公司各項安全管理措施和日常安全巡檢工作，以及負責安檢異常分析等專案任務。

在日常的安全巡檢工作方面，基本上 Justin 能符合一般水準。但在撰寫異常分析報告時，所需的專業知識仍有不少進步空間。Danny 曾多次鼓勵他，「有時間的話，可以多參加特定的專業培訓和證照考試。」不過，Justin 總是沒有付諸行動。

Justin 的個人興趣是動漫繪圖和電競遊戲，他對於在 V 公司能正常上下班，閒暇時間能上網學習動漫繪圖和電腦遊戲的生活，感到開心。Justin 個性活潑，和各部門同事總能聊上幾句，這也是他對這份工作滿意的原因之一。至於在做事方面，雖然動作算快，有時仍會出錯。

2022 年 9 月底，公司開始推動 ESG 專案，環安部門是主責單位，過去三個月，環安部門許多同仁都主動加班，以配合專案進度。而 Justin 和其他安檢課成員，則被指定在今年第一季完成有關 ESG 認證的培訓。這段時間，除了學習進度明顯落後於同部門的成員，Justin 也不太願意加班。不過，他卻願意利用下班時間，主動幫忙製作環安的宣導影片，進行動畫繪製。然而，影片文宣並不屬於安檢課的職務範圍，這讓 Danny 感到有些納悶。

2023 年 1 月，公司正在進行年度績效考核作業，Danny 認為 Justin 已加入環安部門三年，雖然日常巡檢工作表現稱職且動作迅速。但其專業能力一直沒再提升，幾乎和這一、兩年新進的工程師相差無幾，再加上他最近在 ESG 專案的表現不如人意，Danny 打算將其考績列為 C，希望給他一個警訊。考績被列為 C 以下的員工，須進行績效輔導與改善計畫（PIP）。（註：

V 公司的績效考核分別是 A^+、A、B、C、D）

上週五，Danny 請 Justin 到會議室，兩人進行了一番對話：

Danny：你在環安部門擁有三年的年資，專業能力卻一直沒再提升。之前一直要你參加培訓和考證，但你都沒去。

Justin：那些培訓不是說有空再上嗎？又沒規定一定要參加。

Danny：你就不夠認真啦！還有，去年你的工作成果有好幾項都沒有達標，所以，你 2022 年的績效考核會被評為 C。接下來，會有為期三個月的績效輔導與改善計畫，希望你能配合改善。

Justin：工作成果有好幾項都沒達標？達標的要求是什麼呢？你好像沒有跟我說過吧！

Danny：達標，就是把所有工作做好啦！還有，你工作態度一直都很不積極，過去兩年的考績也只有 B，2022 年的工作表現甚至比之前還差。

Justin：工作態度很不積極？怎麼會啊？我很少請假，上班也都沒有遲到啊！

Danny：你每項專案都沒有進度，就連 ESG 證照的學習進度，也遠落後其他人。

Justin：怎麼會沒有進度？你交代的事，我都有做完，證照課我也有在上啊！

Danny：你就做事很不積極啊！也沒有向我回報進度。證照課還缺課，下個月就要考試了，你應該也不會通過。

Justin：積極的標準是什麼？還有，你怎麼知道我不會通過？

（對話又持續了十幾分鐘，兩人仍未達成共識，預定本週五再談一次）

主管角色——Danny

為了下次與 Justin 的績效面談，仔細複習《TCA 卓越領導勝經》，並嘗試運用書中技巧，與 Justin 進行對話。

員工心聲——Justin

認為 V 公司是一間大企業，公司名氣和薪資福利都很不錯，希望自己能穩定地在這裡工作下去。下班後，除了上網和朋友一起打電動，你倒是很投入於學習動漫的電腦繪圖技巧。個人沒有經濟壓力，但希望未來能結合興趣和電腦繪圖能力，偶爾自行接案，體驗時下流行的「斜槓人生」，認為這是一件很酷的事。

你自認入職以來，不僅都能準時上班，出勤紀錄正常，即使有事要請假，也會事先得到主管同意。上週 Danny 要求對你進行績效輔導與改善時，你覺得十分疑惑，也頗為擔心。尤其當他表示，你下個月證照考試不會通過時，你有些生氣，心裡想著：「難道他會算命喔，還沒考就知道我不會過喔！」「還是他希望我不會通過？」

在工作方面，你也自認為都能完成主管交付的工作，即使在年度績效面談時，Danny 也總是說，「要再多努力一點，有空的話可以多學習一些專業知識，好好加油！」雖然他鼓勵你加強證照考試，但這也不是硬性的要求，所以你也就不太在意。再加上 Danny 也沒有跟你提過工作成果的標準是什麼，他說的「達標，就是把所有工作做好啦！」到底是什麼意思啊？

對於 Danny 將於本週五再和你進行績效面談，你覺得有些擔心，心裡想著：一定要弄清楚為什麼考績被打為 C 的原因。

問題討論

身為主管的你，該如何與 Justin 進行績效面談？請運用能力動力矩陣、有效領導策略、TCA Model 的對話模式，思考以下問題：

（一）判斷 Justin 屬於「能力動力矩陣」中的哪一象限？原因是？

（二）依據有效領導模式，Justin 適合哪一種部屬指導策略？

（三）如何與 Justin 進行接下來的績效面談？

案例解析

請運用能力動力矩陣、有效領導策略、TCA Model 的對話模式，思考以下問題：

（一）判斷 Justin 屬於「能力動力矩陣」中的哪一象限？原因是？

Justin 抱持安穩工作的態度，其主動學習意願低，工作動力不高。儘管他已從事安檢職務三年，但目前僅具備基本的例行工作能力，缺乏安檢異常分析報告所需的專業知識。綜上所述，Justin 的能力動力矩陣，落於第 IV 象限。

（二）依據有效領導模式，Justin 適合哪一種部屬指導策略？

1. 以命令式管理導正部屬行為後，循序調整為指導式管理

理論上，對於能力動力矩陣處於第 IV 象限的 Justin，需採取命令式的指導策略，強調對「事」的管理，要求其依據主管的計畫，負責執行到位。以環安部門的工安

事故為例，對於發生緊急且重要的工作任務，當部屬缺乏足夠的知識和技能時，主管就必須採取嚴格監控的管理方式，要求部屬聽從指揮，依據標準作業流程完成工作，以免發生風險、危害。

然而，27 歲的 Justin 屬於 Z 世代族群，更重視「自我實現」的存在感與內在價值。如果過於強調單一的命令式指導，在管理上反而容易產生反效果。Justin 對於專業課程和證照考試，顯得十分被動，在決定採取哪一種管理策略之前，最好先探究他學習意願低落的原因。

從兩人的對話推測，Justin 的認知是，專業學習與認證並非硬性要求。所以 Danny 需先清楚地讓 Justin 知道，對於他的專業提升和技能認證，公司有哪些規範和要求。當他理解到相關專業技能的學習，是在 V 公司環安部門工作必備的一部分，便有助於推升他的學習動力。

主管明訂工作的標準規範，是對「事」的命令與要求。當部屬體會到專業提升的必要性，其學習心態可能是樂於接受，但也可能會產生抗拒。接下來，對於部屬的管理策略，就要適度聚焦在「人」的管理，畢竟強迫式學習的效果有限。所以，當 Danny 對 Justin 訂下規範後，就要以強調參與式討論和引導，取代對事的命令和要求。透過提供 Justin 專業的建議和未來發展方向的指引，激發他的學習動力，並幫他做好自主管理，以迎接未來的學習挑戰。

◉ 圖9-5 四個象限的四種管理策略之範例 ◉

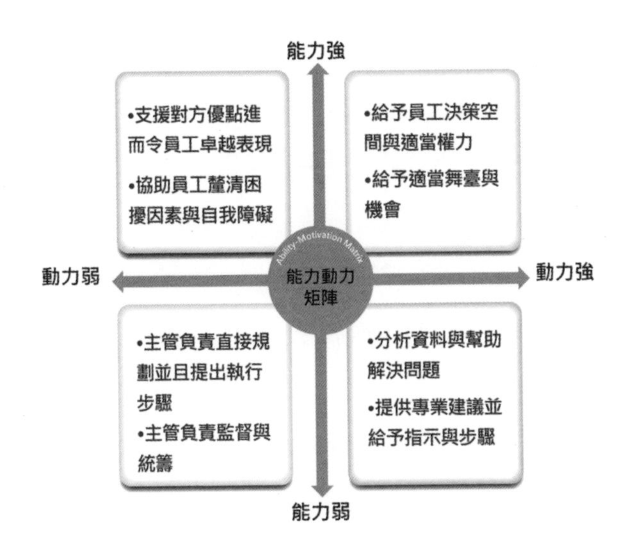

2. 以授權式管理，適時提供機會，形塑部屬正向循環的工作動力

Justin 在安檢課的學習動力低，但卻願意主動投入個人時間，積極參與環安文宣的動畫製作，即使這並非他

本職的工作。從協助員工長期發展的角度，主管可以多加觀察和思考。尤其對新世代的員工，他們更渴望滿足內在自我價值。透過彈性的專案任務指派方式，促進正向循環的工作動力。當部屬的內在價值被滿足，也能正向地影響其工作動力。

Danny 可以從環安部門的功能和人力發展的角度思考，如何在要求 Justin 提升專業知識的同時，以任務指派的方式，透過 Justin 的電腦繪畫專長，為他提供另一個可以發揮的舞台，也有助於提升環安文宣工作的成效。

類似 Justin 這樣已有一定年資，處於第 IV 象限的員工，管理策略需要由對事的監控與命令，轉向對人的建議與指導，並適時採取授權式領導，賦能部屬。管理的策略與執行方式，並非一成不變，對應四個象限的四種管理策略，需要靈活地因勢利導。最終，可以累積個人和企業的人才資本，發揮組織管理綜效。

（三）如何與 Justin 進行接下來的績效面談？

在複習了《TCA 卓越領導勝經》後，回顧上次和 Justin 的對話，Danny 發現自己出現了許多無效的溝通。

原先 Danny 希望向 Justin 說明其年度績效考核，並就接下來的績效輔導與改善，能達成共識。不過，他從一開始就帶有責備的語氣，如「專業能力沒有提升、培訓都沒去……」這會讓 Justin 容易對接下來的對話，產生抗拒的心態，難以心平氣和地理解 Danny 所說的內容。隨後，Danny 又以情緒性的感受，表達對 Justin 行為的不滿，如「你就是不夠認真啦……」當 Justin 詢問績效指標的要求為何，Danny 僅是籠統地回應，如「達標，就是把所有工作做好啦！……工作態度一直都很不積極……」但是，Justin 的認知卻以為，正常出勤就是積極的工作態度。彼此間出現情緒性的對話，在一來一往的回應下，最終卻形成了一場沒有意義的對話。

回顧第一次的績效面談，Danny 心中明白，由於自己一開始沒有向部屬清楚表達，想要和他共同達成績效改善的期待，也完全沒有給部屬機會，讓他充分說出自己的想法，以致無法獲得工作績效不佳和工作態度的足夠資訊。

此外，面對 Z 世代的 Justin，45 歲的 Danny 也開始意識到，跨世代管理的挑戰。根據《天下雜誌》2019 年 686 期的報導，Z 世代的族群已是全球人口最多的群體，他們善用網路科技，而且十分務實精明，而 Justin 正是這個族群的典型。個案中，Justin 對環安部安檢課的工作，只抱持達到基本水準的努力，與「只做最低需求工作的『在職離職』」頗為類似。

從馬斯洛的需求理論來看，Justin 對安檢課工作的想法，只能滿足他在安全和社會層次的需求。但 Justin 內心深處，仍渴望實現個人成功的目標。雖然他沒有主動學習安檢課職務所需的認證，但個人卻積極學習電腦繪圖，期望以斜槓人生的模式，滿足自我實現層次的需求。

本週五，Danny 將運用 TCA 的溝通模式（見圖 9-6）和積極傾聽的技巧，與 Justin 進行績效面談。期待與 Justin 一起探討績效差異的原因，釐清績效指標與個人期待，引導 Justin 對工作和未來發展有所反思，協同找出解決對策，並對未來的改善目標做出承諾，最後付諸行動。

圖9-6 TCA的溝通模式

目標/目的 Target T
釐清/蒐集問題 Clarification C
共識方案 Alignment A
行動 Action A

部屬指導策略

回應技巧

軟技巧

以下是第二次績效改善面談的部分對話示例：

Danny：今天主要是想和你說明績效指標的事，在這之前，我想先關心你還好嗎？（先關心「人」，與對方連結）

Justin ：（表情有些緊張，冷淡地說）喔，我感覺不太好。

Danny：嗯，理解，你願意先談談自己的感受或想法嗎？（邀請對方說出感受）

Justin ：我覺得自己沒有做錯事，為什麼考績會被打C？覺得很不公平。

Danny：除了不公平，還有嗎？（不帶評價的好奇）

Justin ：坦白說，還會有一點生氣吧！（說出感受，可拉近與對方的距離）

Danny：嗯，我也回顧了上次的對話，我能理解你的感受。你在安檢巡查的工作一直很稱職，我記得你第一年加入部門時，學習速度很快，很多工作一下子就上手了，我對你有很高的期待。（一開始先同理對方感受、具體且正向地回饋。接著可先停頓幾秒，與對方眼神

交流，讓對方感受到被關心和正向期待）

Justin ：嗯～（接收到主管的正向回饋，臉上的表情也緩和下來）

Danny：我對你有些求好心切，上次沒請你將進行績效輔導的初衷說清楚，現在讓我們重新談一談，你可以嗎？

Justin ：好，我也很想弄清楚。

Danny：你擔任環安工程師已有三年多，依公司「專業技能檢定表」的要求，有三項專業技能並未符合標準。去年3月和5月，公司幫你安排參加法規認證和綠色能源認證培訓，也是為了讓你符合公司的檢定要求，但你並未參加培訓。（明確指出規範標準，以及沒有參訓的行為）

Justin ：喔？我以為那個表（「專業技能檢定表」）只是參考而已。

Danny：隨著個人在公司年資的增加，每位員工的專業能力也應該跟著提升，這是公司對員工的期望。如果工作一年和三年、五年的工程師都沒有成長，公司就無法進步，甚至會被

競爭對手取代。（說明的資訊不宜大量，以免對方吸收不了。另外，說明後仍要停頓下來，留下一些空間讓對方思考）

Justin：對喔！也可能會影響我們的工作。

Danny：是呀！這也是公司希望每位同仁，都能持續提升專業的原因。（接下來的對話，以著重在參與式的討論和引導，取代對事的說明或要求）

Justin：我以為自己已做好安檢巡查的工作，所以就沒有很認真地參加培訓課程。（在充分的訊息交流後，讓部屬自行理解參與培訓的必要性）

Danny：那現在呢？（釐清之後，持續透過引導，將對話空間留給對方）

Justin：我會去查閱技能檢定的規定，並在三個月內補完技能認證的要求。

Danny：太好了！我一直知道你是個只要有目標，就會有行動力的人。

Justin：嗯，謝謝副理。

接下來，Danny 向 Justin 說明，去年三次事故分析報告出錯和提交不及時的情況，並告訴他這是這次評核考績為 C 的原因。由於 Danny 清楚描述了哪三次事件，並具體讓 Justin 明白他哪些行為和專業知識不足，造成了什麼後果與影響。最終，得以讓 Justin 自行承諾後續的績效改善行動。

所謂知錯，才能改正。主管能給予精準的意見回饋，部屬才知道該如何修正。然而，主管與部屬在績效輔導與改善的面談，常會落入情緒性的對話，容易讓面談目的失焦，如同 Danny 與 Justin 的第一次績效面談。在第二次績效改善面談中，Danny 充分交流且聚焦在面談的目的，同時運用關注在「人」的回應技巧，讓 Justin 主動提供績效改善行動的承諾。

在多元人才發展方面，如何引導 Justin 對 V 公司投入更好的工作動能，提問例句如下：

（1）你對目前工作的期待是什麼？

（2）現在的工作，對你的意義或價值是什麼？

（3）未來你想如何形容自己？你希望別人怎麼看待自己？

（4）是什麼原因讓你願意額外花時間，製作環安文宣的影片？

（5）在完成績效改善流程後，如果有機會讓你的興趣與環安工作結合，你有什麼想法嗎？

撰稿團隊簡介

周佑民（Ming）

2010 年創業，曾在業界歷練 16 年，實際參與企業高層經營決策、建構人才發展系統以及企業內部文化重塑，融合管理實務經驗與扎實的理論；其專業能力與純熟的教學技巧，是獲得學員高度評價的關鍵所在！周老師清晰的邏輯論述、幽默風趣的表達、豐富的實務案例，由淺入深、循序導引學員奠定基礎並延伸應用，能有效縮短工作與學習之間的距離。

林行宜（Bruce）

擅長融合多元教材工具，客製符合企業需求之培訓模型，並轉化為學員容易吸收應用的素材，提升學習效率及效益。此外，基於多年在選才、育才、用才、留才的諮商與輔導經驗，能依據主題引導及舉例，搭配兼具幽默與溫暖的授課風格，營造愉悅互動的學習氛圍，讓學員深刻感受具生命力的教學體驗，激發正向與持續的學習動能。

吳政哲（Roger）

耕耘人力資源管理領域 15 年經驗，具備多年管理實務及體驗式教學設計與帶領經驗，為超過百家知名企業執行內訓，累積授課時數達 2,500 小時以上，課程設計彈性多元、授課風格幽默活潑，能使理論不再艱澀、實務不再枯燥，讓學習變得有趣且有效！

羅宇娟（Jan）

具企業教練與社工師身分，且擔任組織高階主管多年，在組織管理實務及棘手個案處理上，具備高敏感度與高情商，且擅長在資源有限的狀況下突圍，帶領團隊當責保持熱情投入工作。

在教練經驗上，擅長以平易近人的語言與幽默詼諧的方式，運用教練技能於無形，專業教練 PCC（國際教練聯盟 ICF 認證）超過 1,000 小時的教練時數、協助百位以上中高階主管成長，並具數年教練督導經驗，協助數十位企業專業教練技能提升。

• 盧立軒（Estella）

擁有多年在企業中橫跨各部門的實務經驗，從組織後端到前端主導執行多項亞太區域性的策略專案，同時建立扎實豐富的顧問專才。現為專職的資深人才發展顧問暨講師，在人力資源發展的領域協助企業規劃及執行人才發展的各種項目，包括顧問案，訓練課程，教練案等。專長為管理領導力課程、當責領導力與工作者、組織文化建立、職能與人才發展專案、商業策略、企業教練等。

• 林惠雯（Christine）

投身人力資源實務工作將近 20 年，累積豐富的人資實戰經驗。出身人力資源科班領域，不僅理論基礎扎實，在授課方面也有獨到功力，擅長運用深入淺出的方法，能將平常被視為艱深難懂的管理觀念，以生活化的例子，幫助學員清楚理解進而認同，並掌握其中的關鍵，在課堂中就能現學現用。課程內容易與企業公司制度接軌，讓學員能在日常工作實際應用，提升客戶的訓練投資效益。

• 郭宏偉（Jacky）

台大心理系畢業、台大管理碩士學分班結業、中山大學人管所畢業，教學內容兼具理論與實務，並擅用體驗式活動，強化學員學習動機，提升學習成效。

擁有豐富的實戰經驗，擔任訓練主管時，開發理論與實務兼具之管理課程；擔任招募主管時，結合體驗式活動與招募甄選，開發並建置招募甄選工具，大幅提升招募成效；帶領組織人才發展部，執行跨部門職能建置專案，並導入個案教學，協助關係企業建構人才培訓體系！

• 楊恭茂（Eric）

擅長以體驗式培訓帶領學員體會心態面、觀念面的衝擊，進而落實於行為面。授課風格幽默詼諧，卻又兼具力量，於課程引導討論時，則透過有系統的結構式問句，帶領學員反思自身與團隊如何能更為精進，有效揉合心態面的體驗式培訓、領導力／企業管理原則與關鍵行為！

• 張宏梅（Monica）

具備超過 25 年的管理顧問與深厚的跨國管理經驗，曾涉獵的產業包括：半導體製造、封測與設計、光學鏡頭、航空、公關與管顧。在企業管理實務方面，善於以策略性人力資源的觀點，參與企業的經營決策與跨國據點布建。擁有中央人資所管理學博士學位，強調實務與理論的結合，除了在企業和大學授課外，目前也從事企業教練和 EAP 顧問服務。

Team Building

Lead by Accountability

Experiential Learning

Strategic Thinking

Leadership Development

康士藤從策略思維出發，專注於客製化的問題解決方案的提供，協助組織有效培育和塑造出核心競爭力，形塑出最佳企業文化。

我們提供四種解決方案：培訓課程、顧問式培訓、顧問輔導、人才測評中心。其中，培訓課程從以事的能力為主的聰明組織和以人的能力為主的健康團隊兩大主軸展開，涵蓋7大專區。

策略思維出發的客製化問題解決方案提供者

Digital Transformation

- 策略經營專區 Strategic Management Zone
- 管理技能專區 Management Skills Zone
- 工作技能專區 Work Skills Zone
- 客戶經營專區 Customer Management Zone
- 團隊建立專區 Team Building Zone
- 職場溝通專區 Workplace Communication Zone
- 領導能力專區 Leadership Zone

Coaching

Accountability in the Workplace

課程推薦（二）

5 Key Successful Factors For A High Performance Team

高績效團隊關鍵五元素

跨越五障礙，團隊無障礙

✔ 團隊成員口頭上表示支持，卻敷衍了事嗎？

✔ 開會時是否經常遇到尷尬的沉默，
而後在背後互相議論？

✔ 團隊是否吝於互相協助，
你感覺自己總是獨自奮戰？

✔ 雖然參加了許多團隊合作課程，
但實際上在團隊中遇到了許多困難。

✔ 為何自己的團隊發展緩慢，
無法取得遠大的成就？

透過主題性的「團隊領導的五大障礙」培訓設計，針對五項團隊裡人性的弱點逐一化解，而後提供團隊朝正向態度與行為發展的準則，幫助團隊建立信任、管理衝突、達成承諾、勇於當責，以及聚焦結果。

更多課程資訊請洽康士藤夥伴！

TEL：+886-3-2870374

康士藤官網

TCA 卓越領導勝經：

四大溝通策略╳三種回應技巧，達成團隊共識，創造組織願景

作　　者｜康士藤管理顧問公司
指　　導｜周佑民
撰　　文｜林行宜、吳政哲、羅宇娟、盧立軒、
林惠雯、郭宏偉、楊恭茂、張宏梅
書籍企劃｜周琬琳
編輯製作｜城邦印書館股份有限公司

策　　劃｜康士藤管理顧問有限公司
地址：32056 桃園市中壢區青峰路二段 116 巷 2 號 5 樓
電話：（03）287-0374　網址：www.vinemgmt.cc

出　　版｜城邦印書館股份有限公司
地址：10483 台北市中山區民生東路二段 141 號 B1
電話：（02）2500-2605　網址：www.inknet.com.tw

發　　行｜聯合發行股份有限公司
地址：23145 新北市新店區寶橋路 235 巷 6 弄 6 號 4 樓
電話：（02）2917-8022

出版日期｜2023 年 6 月初版一刷
I S B N｜978-626-7113-77-6
定　　價｜新臺幣 380 元

國家圖書館出版品預行編目（CIP）資料

TCA 卓越領導勝經：四大溝通策略╳三種回應技巧，達成團隊共識，創造組織願景／康士藤管理顧問公司著 . -- 初版 . -- 臺北市：城邦印書館股份有限公司出版；新北市：聯合發行股份有限公司發行 , 2023.06
面；　公分
ISBN 978-626-7113-77-6（平裝）
1.CST：商務傳播 2.CST：溝通技巧
3.CST：職場成功法

494.2　　112007564